"十三五"应用型本科院校系列教材/数学

主　编　顾　贞
副主编　高恒嵩　于莉琦

概率论与数理统计学习指导

A Guide to the Study of Probability Theory and Mathematical Statistics

哈爾濱工業大學出版社

内容简介

本书是应用型本科院校规划教材数学学习指导书，与洪港、顾贞主编的《概率论与数理统计》教材相配套。内容包括：概率论的基本概念，随机变量及其概率分布，二维随机变量及其分布，随机变量的数字特征与极限定理，数理统计的概念与参数估计，假设检验，统计分析方法简介。除第7章外，其他每章都编写了5方面的内容：内容提要、典型题精解、同步习题解析、单元测试、单元测试答案。本书在最后给出了总复习题，由5套期末测试模拟题组成，并附有答案。

本书可供应用型本科院校相关专业学生使用，也可作为教师的参考书。

图书在版编目(CIP)数据

概率论与数理统计学习指导/顾贞主编. —哈尔滨：哈尔滨工业大学出版社，2019.1(2024.1重印)
ISBN 978-7-5603-7700-1

Ⅰ.①概… Ⅱ.①顾… Ⅲ.①概率论-高等学校-教学参考资料②数理统计-高等学校-教学参考资料 Ⅳ.①O21

中国版本图书馆CIP数据核字(2018)第227016号

策划编辑 杜 燕
责任编辑 李春光
出版发行 哈尔滨工业大学出版社
社 址 哈尔滨市南岗区复华四道街10号 邮编150006
传 真 0451-86414749
网 址 http://hitpress.hit.edu.cn
印 刷 哈尔滨市颉升高印刷有限公司
开 本 787mm×1092mm 1/16 印张10 字数234千字
版 次 2019年1月第1版 2024年1月第3次印刷
书 号 ISBN 978-7-5603-7700-1
定 价 26.00元

《“十三五”应用型本科院校系列教材》编委会

序

哈尔滨工业大学出版社策划的《"十三五"应用型本科院校系列教材》即将付梓,诚可贺也。

该系列教材卷帙浩繁,凡百余种,涉及众多学科门类,定位准确,内容新颖,体系完整,实用性强,突出实践能力培养。不仅便于教师教学和学生学习,而且满足就业市场对应用型人才的迫切需求。

应用型本科院校的人才培养目标是面对现代社会生产、建设、管理、服务等一线岗位,培养能直接从事实际工作、解决具体问题、维持工作有效运行的高等应用型人才。应用型本科与研究型本科和高职高专院校在人才培养上有着明显的区别,其培养的人才特征是:①就业导向与社会需求高度吻合;②扎实的理论基础和过硬的实践能力紧密结合;③具备良好的人文素质和科学技术素质;④富于面对职业应用的创新精神。因此,应用型本科院校只有着力培养"进入角色快、业务水平高、动手能力强、综合素质好"的人才,才能在激烈的就业市场竞争中站稳脚跟。

目前国内应用型本科院校所采用的教材往往只是对理论性较强的本科院校教材的简单删减,针对性、应用性不够突出,因材施教的目的难以达到。因此亟须既有一定的理论深度又注重实践能力培养的系列教材,以满足应用型本科院校教学目标、培养方向和办学特色的需要。

哈尔滨工业大学出版社出版的《"十三五"应用型本科院校系列教材》,在选题设计思路上认真贯彻教育部关于培养适应地方、区域经济和社会发展需要的"本科应用型高级专门人才"精神,根据前黑龙江省委书记吉炳轩同志提出的关于加强应用型本科院校建设的意见,在应用型本科试点院校成功经验总结的基础上,特邀请黑龙江省9所知名的应用型本科院校的专家、学者联合编写。

本系列教材突出与办学定位、教学目标的一致性和适应性,既严格遵照学科体系的知识构成和教材编写的一般规律,又针对应用型本科人才培养目标及与之相适应的教学特点，精心设计写作体例，科学安排知识内容，围绕应用讲授理论，做到“基础知识够用、实践技能实用、专业理论管用”。同时注意适当融入新理论、新技术、新工艺、新成果，并且制作了与本书配套的PPT多媒体教学课件，形成立体化教材，供教师参考使用。

《“十三五”应用型本科院校系列教材》的编辑出版，是适应“科教兴国”战略对复合型、应用型人才的需求，是推动相对滞后的应用型本科院校教材建设的一种有益尝试，在应用型创新人才培养方面是一件具有开创意义的工作，为应用型人才的培养提供了及时、可靠、坚实的保证。

希望本系列教材在使用过程中，通过编者、作者和读者的共同努力，厚积薄发、推陈出新、细上加细、精益求精，不断丰富、不断完善、不断创新，力争成为同类教材中的精品。

前　言

为了提高学生的自学能力、分析问题与解决问题能力，加强对学生的课外学习指导，我们编写了这本学习指导书。这本学习指导书是与应用型本科院校数学系列教材相匹配的。

本书是与洪港、顾贞主编的《概率论与数理统计》教材相配套的学习指导书。内容包括：概率论的基本概念，随机变量及其概率分布，二维随机变量及其分布，随机变量的数字特征与极限定理，数理统计的概念与参数估计，假设检验，统计分析方法简介。除第7章外，其他每章都编写了以下5方面的内容：内容提要、典型题精解、同步习题解析、单元测试、单元测试答案。本书在最后给出了总复习题，由5套期末测试模拟题组成，并附有答案。本书内容叙述详尽，通俗易懂。

本书由顾贞任主编，高恒嵩、于莉琦任副主编。在编写过程中参阅了我们以往教学过程中积累的有关资料和兄弟院校的相关资料，在此一并表示感谢。

在使用本书时建议读者不要急于参阅书后的答案，要独立思考。为提高能力，应多做习题，尤其是多做基础性和综合性习题，这对于掌握教材的理论与方法有着不可替代的作用。希望本书能在你解题山重水复疑无路之时，将你带到柳暗花明又一春的境界，不断提高你的自学能力、分析问题与解决问题的能力。

由于时间仓促，水平有限，书中难免存在一些不足之处，敬请广大读者不吝赐教。

编　者

2018年10月

目　　录

第 1 章 概率论的基本概念

1.1 内容提要

1. 事件关系和运算

(1)事件的包含关系

如果事件A的发生必然导致事件B的发生，则称事件B包含事件A，或事件A包含于事件B，记作$A \subset B$或$B \supset A$.

(2) 事件的相等关系

如果事件$A \subset B$且$B \subset A$，则称事件A与B相等，记作$A = B$.

(3) 事件的和

事件A和事件B中至少有一个发生的事件称为事件A与B的和，记作$A+B$或$A \cup B$.

(4) 事件的积

事件A与事件B同时发生的事件称为事件A与事件B的积，记作AB或$A \cap B$.

(5) 互不相容事件

如果事件A与B不能同时发生，即$AB = \varnothing$(或$A \cap B = \varnothing$)，则称事件A与B为互不相容(或互斥)事件.

互不相容事件的概念可推广到n个事件的情形. 如果n个事件$A_1, A_2, \cdots, A_n$中任意两个事件都不能同时发生，即

$$A_iA_j = \varnothing \quad (i \neq j; i,j = 1,2,\cdots,n)$$

则称这n个事件为两两互不相容事件.

(6) 事件的差

事件A发生而事件B不发生的事件称为事件A与B的差，记作$A - B$.

(7) 对立事件

如果事件A与B中必有一个发生，且仅有一个发生，即$A \cup B = \Omega$, $A \cap B = \varnothing$，则称

事件 A 与 B 为相互对立事件(或逆事件). A 的对立事件记作 $\overline{A}$,即 $B=\overline{A}$.

2. 事件的运算律

(1) 交换律:

$$A\cup B=B\cup A,\quad A\cap B=B\cap A$$

(2) 结合律:

$$(A\cup B)\cup C=A\cup(B\cup C)$$
$$(A\cap B)\cap C=A\cap(B\cap C)$$

(3) 分配律:

$$(A\cup B)\cap C=(A\cap C)\cup(B\cap C)$$
$$(A\cap B)\cup C=(A\cup C)\cap(B\cup C)$$

分配律可以推广到有限个事件的情形,即

$$A\cap(\bigcup_{i=1}^{n}A_i)=\bigcup_{i=1}^{n}(A\cap A_i)$$
$$A\cup(\bigcap_{i=1}^{n}A_i)=\bigcap_{i=1}^{n}(A\cup A_i)$$

(4) 对偶公式:

$$\overline{A\cup B}=\overline{A}\cap\overline{B},\quad \overline{A\cap B}=\overline{A}\cup\overline{B}$$

对偶公式也可以推广到有限个事件的情形

$$\overline{\bigcup_{i=1}^{n}A_i}=\bigcap_{i=1}^{n}\overline{A_i},\quad \overline{\bigcap_{i=1}^{n}A_i}=\bigcup_{i=1}^{n}\overline{A_i}\quad(i=1,2,\cdots,n)$$

3. 频率

设随机事件 A 在 n 次试验中发生了 m 次,则称 $\frac{m}{n}$ 为随机事件 A 发生的频率,记作 $f_n(A)$,即

$$f_n(A)=\frac{m}{n}$$

频率的基本性质:

(1)$0\leqslant f_n(A)\leqslant 1$;

(2)$f_n(\Omega)=1,f_n(\varnothing)=0$;

(3)① $f_n(A\cup B)=f_n(A)+f_n(B)-f_n(AB)$;

② 若 A,B 互不相容,则

$$f_n(A\cup B)=f_n(A)+f_n(B)$$

若 $A_1,A_2,\cdots,A_m$ 是 m 个两两互不相容事件,则

$$f_n(\bigcup_{i=1}^{m}A_i)=\sum_{i=1}^{m}f_n(A_i)$$

即

$$f_n(A_1\cup A_2\cup\cdots\cup A_m)=f_n(A_1)+f_n(A_2)+\cdots+f_n(A_m)$$

(4) $f_n(A)=1-f_n(\overline{A})$；

(5) 若 $A\subset B$,则 $f_n(A)\leqslant f_n(B)$.

4. 概率

如果事件A发生的频率$\frac{m}{n}$总是在某个常数p附近摆动,则称常数p为事件A的概率,记作 $P(A)$,即 $P(A)=p$.

概率的基本性质：

(1) 对任意事件 A,有 $0\leqslant P(A)\leqslant 1$；

(2) $P(\Omega)=1,P(\varnothing)=0$；

(3) 加法公式　① 对任意两个事件 A,B,有

$$P(A\cup B)=P(A)+P(B)-P(AB)$$

推广　a. 对任意三个事件 A,B,C,有

$$P(A\cup B\cup C)=P(A)+P(B)+P(C)-P(AB)-P(AC)-P(BC)+P(ABC)$$

b. 对任意 n 个事件 $A_1,A_2,\cdots,A_n$,可得一般的加法公式

$$P(\bigcup_{i=1}^{n}A_i)=\sum_{i=1}^{n}P(A_i)-\sum_{1\leqslant i<j\leqslant n}P(A_iA_j)+\sum_{1\leqslant i<j<k\leqslant n}P(A_iA_jA_k)-\cdots+(-1)^{n-1}P(A_1A_2\cdots A_n)$$

② 若两个事件 A,B 互不相容,有

$$P(A\cup B)=P(A)+P(B)$$

若 $A_1,A_2,\cdots,A_k$ 是两两互不相容事件,则有

$$P(A_1\cup A_2\cup\cdots\cup A_k)=P(A_1)+P(A_2)+\cdots+P(A_k)$$

(4) 对于任意事件 A,都有 $P(\overline{A})=1-P(A)$；

(5) 设 A,B 是两个事件,若 $A\subset B$,则有 $P(B-A)=P(B)-P(A),P(B)\geqslant P(A)$.

5. 古典概型

如果随机试验满足下面两个条件：

(1) 样本空间只有有限个样本点,即全部基本事件的个数是有限的；

(2) 每个样本点发生的可能性相同,即每个基本事件发生的可能性相等,称之为等可能的.

这种试验称为古典型随机试验,称它的数学模型为古典概型.

6. 概率的古典定义

在古典概型中,如果试验的基本事件总数是 n,事件 A 包含其中 m 个基本事件,那么事件 A 发生的概率为

$$P(A)=\frac{m}{n}=\frac{A\text{中包含的基本事件数}}{\text{基本事件总数}}$$

7. **几何概率**

随机试验 E 的样本空间是一个有界区域 Ω，并且任意一点落在度量（长度、面积、体积）相同的子区域（子区域属于 Ω）内是等可能的（与子区域的位置、形状无关），则事件 A 的概率定义为

$$P(A)=\frac{\mu(A)}{\mu(\Omega)}$$

其中，$\mu(A)$ 为构成事件 A 的子区域的度量，$\mu(\Omega)$ 为样本空间的度量，称这类概率为几何概率.

8. **概率的公理化定义**

公理1 对任意事件 A，有 $0\leqslant P(A)\leqslant 1$（非负性）.

公理2 $P(\Omega)=1$（正规性）.

公理3 若 $A_1,A_2,\cdots,A_k,\cdots$ 是两两互不相容事件，则有

$$P(A_1\cup A_2\cup\cdots\cup A_k\cdots)=P(A_1)+P(A_2)+\cdots+P(A_k)+\cdots\text{（可加性）}.$$

设函数 $P(A)$ 是定义在样本空间 Ω 中，对每个事件 A 的实值函数，且满足公理 $1\sim 3$，则称函数 $P(A)$ 为事件 A 的概率.

9. **条件概率**

设 A,B 是两个事件，且 $P(A)>0$，则称

$$P(B|A)=\frac{P(AB)}{P(A)}$$

为在事件 A 发生的条件下事件 B 发生的条件概率.

10. **乘法公式**

$$P(AB)=P(A)P(B|A)$$

$$P(AB)=P(B)P(A|B)$$

$$P(A_1A_2A_3)=P(A_1A_2)P(A_3|A_1A_2)=P(A_1)P(A_2|A_1)P(A_3|A_1A_2)$$

乘法公式也称乘法定理，可推广到多个事件的情形：

$$P(A_1A_2\cdots A_n)=P(A_1)P(A_2|A_1)\cdots P(A_n|A_1\cdots A_{n-1})$$

11. **全概率公式**

一般地，如果事件 $B_1,B_2,\cdots,B_n$ 是一完备事件组，那么对任意一个事件 A 有

$$P(A)=\sum_{i=1}^{n}P(B_i)P(A\mid B_i)$$

12. **贝叶斯公式**

设试验 E 的样本空间为 Ω，A 为 E 的任意一事件，$B_1,B_2,\cdots,B_n$ 为 Ω 的一个划分，且 $P(A)>0$，$P(B_i)>0\ (i=1,2,\cdots,n)$，则

$$P(B_i|A)=\frac{P(A|B_i)P(B_i)}{\sum\limits_{j=1}^{n}P(A|B_j)P(B_j)}\quad(i=1,2,\cdots,n)$$

我们称其为贝叶斯(Bayes)公式.

13. **事件的独立性与独立重复试验**

如果事件 B 的发生不影响事件 A 的概率,即

$$P(A|B)=P(A)$$

则称事件 A 与事件 B 是相互独立的.

显然 A 与 B 相互独立的充要条件为 $P(AB)=P(A)P(B)$.

如果 A 与 B 独立,则有 A 与 $\overline{B}$、$\overline{A}$ 与 B、$\overline{A}$ 与 $\overline{B}$ 相互独立.

若事件 A_1,A_2,A_3 两两独立,即

$$P(A_iA_j)=P(A_i)P(A_j)\quad (i\neq j)$$

并且满足

$$P(A_1A_2A_3)=P(A_1)P(A_2)P(A_3)$$

则称 A_1,A_2,A_3 是独立的.

需要注意的是三个事件可能两两独立,但并不一定相互独立.

设 $A_1,A_2,\cdots,A_n$ 是 n 个事件,若对任意 $k(k\leqslant n)$,任意 $1\leqslant i_1<i_2<\cdots<i_k\leqslant n$,满足等式

$$P(A_{i_1}A_{i_2}\cdots A_{i_k})=P(A_{i_1})P(A_{i_2})\cdots P(A_{i_k})$$

则称 $A_1,A_2,\cdots,A_n$ 是相互独立的.

14. **独立重复试验　二项概率公式**

设在试验中,事件 A 发生的概率为 p,$\overline{A}$ 发生的概率为 $1-p=q$. 在 n 次试验中,事件 A 在指定的 k 次试验中发生,则在其他 $n-k$ 次试验中,必有 $\overline{A}$ 发生,其概率为 p^kq^{n-k}. 由于这种指定的方式共有 C_n^k 种,它们是两两互不相容的,由加法定理可知在 n 次试验中 A 发生 k 次的概率为

$$P_n(k)=C_n^kp^kq^{n-k}\quad (k=0,1,2,\cdots,n;q=1-p)$$

称上述公式为二项概率公式.

1.2　典型题精解

例 1　设 A,B,C 为三个事件,用 A,B,C 的运算关系表示下列各事件:

(1) 仅仅 A 发生;

(2) A 与 C 都发生,而 B 不发生;

(3) 所有三个事件都不发生;

(4) 至少有一个事件发生;

(5) 至多有两个事件发生;

(6) 至少有两个事件发生;

(7) 恰有两个事件发生;

(8) 恰有一个事件发生.

解 (1)$A\bar{B}\bar{C}$；(2)$A\bar{B}C$；(3)$\bar{A}\bar{B}\bar{C}$ 或$\overline{A \cup B \cup C}$；(4)$A \cup B \cup C$；(5) $\overline{ABC}$；(6)$AB\bar{C} \cup A\bar{B}C \cup \bar{A}BC \cup ABC$；(7)$AB\bar{C} \cup A\bar{B}C \cup \bar{A}BC$；(8)$A\bar{B}\bar{C} \cup \bar{A}B\bar{C} \cup \bar{A}\bar{B}C$.

例 2 从标号为 1,2,…,10 的十个大小相同的球中任取一个，求下列事件的概率：A“抽中 2 号”，B“抽中奇数号”，C“抽中的号数不小于 7”.

解 设 i 表示“抽中 i 号($i=1,2,\cdots,10$)”，则 $\Omega=\{1,2,\cdots,10\}$，所以

$$P(A)=\frac{1}{10}, \quad P(B)=\frac{5}{10}=\frac{1}{2}, \quad P(C)=\frac{4}{10}=\frac{2}{5}$$

例 3 设 10 件产品中有 3 件次品，现进行不放回地从中取出两件，求在第一次取到次品的条件下，第二次取到的也是次品的概率.

解 设 A_i 表示“第 i 次取到次品($i=1,2$)”，则要求的概率为

$$P(A_2 \mid A_1)=\frac{P(A_1A_2)}{P(A_1)}=\frac{\left(\frac{3}{10}\right)\left(\frac{2}{9}\right)}{\frac{3}{10}}=\frac{2}{9}$$

例 4 某工厂有三个车间生产同一产品，第一车间的次品率为 0.05，第二车间的次品率为 0.03，第三车间的次品率为 0.01，各车间生产的产品的数量分别为 2 500 件，2 000 件，1 500 件，出厂时三个车间的产品完全混合，现从中任取一产品，求该产品是次品的概率.

解 设 B 表示“取到次品”，A_i 表示“取到第 i 个车间的产品($i=1,2,3$)”，则有 $A_1 \cup A_2 \cup A_3=\Omega$，且 $A_1 \cap A_2=\varnothing$，$A_1 \cap A_3=\varnothing$，$A_2 \cap A_3=\varnothing$.

利用全概率公式得

$$\begin{aligned}P(B)=\sum_{i=1}^{3}P(A_i)P(B \mid A_i)=P(A_1)P(B \mid A_1)+\\P(A_2)P(B \mid A_2)+P(A_3)P(B \mid A_3)=\\\frac{5}{12}\times 0.05+\frac{1}{3}\times 0.03+\frac{1}{4}\times 0.01=\frac{1}{30}\end{aligned}$$

例 5 某机器由 A,B,C 三类元件构成，其所占比例分别为 0.1，0.4，0.5，且其发生故障的概率分别为 0.7，0.1，0.2. 现机器发生了故障，问应从哪个元件开始检查？

解 设 D 表示“发生故障”，A 表示“元件是 A 类”，B 表示“元件是 B 类”，C 表示“元件是 C 类”，则

$$\begin{aligned}P(D)=P(A)P(D \mid A)+P(B)P(D \mid B)+P(C)P(D \mid C)=\\0.1\times 0.7+0.4\times 0.1+0.5\times 0.2=0.21\end{aligned}$$

所以

$$P(A \mid D)=\frac{P(AD)}{P(D)}=\frac{7}{21}$$

$$P(B \mid D)=\frac{4}{21}$$

$$P(C \mid D)=\frac{10}{21}$$

故应从 C 元件开始检查.

例 6　某通信系统的发端以 0.6 和 0.4 的概率发出 0 和 1,由于有干扰,当发出信号 0 时,接收端以概率 0.8 和 0.2 收到信号 0 和 1;而当发出信号 1 时,接收端以概率 0.9 和0.1 收到信号 1 和 0,求:

(1) 收到信号 1 的概率;

(2) 当收到信号 1 时,发端发出的是 1 的概率.

解　设 A 表示“收到的信号为 1”,B 表示“发出的信号为 1”.

(1) $P(A)=P(B)P(A \mid B)+P(\bar{B})P(A \mid \bar{B})=0.4\times 0.9+0.6\times 0.2=0.48$;

(2) $P(B \mid A)=\dfrac{P(B)P(A \mid B)}{P(A)}=\dfrac{0.4\times 0.9}{0.48}=0.75$.

例 7　医学上用某方法检验“非典”患者,临床表现为发热、干咳,已知人群中既发热又干咳的病人患“非典”的概率为 5%,仅发热的病人患“非典”的概率为 3%,仅干咳的病人患“非典”的概率为 1%,无上述现象而被确诊为“非典”患者的概率为 0.01%;现对某疫区 25 000 人进行检查,其中既发热又干咳的病人有 250 人,仅发热的病人有 500 人,仅干咳的病人有 1 000 人,试求:

(1) 该疫区中某人患“非典”的概率;

(2) 被确诊为“非典”患者是仅发热的病人的概率.

解　(1) 设 A 表示“既发热又干咳的病人”,B 表示“仅发热的病人”,C 表示“仅干咳的病人”,D 表示“无明显症状的人”,E 表示“确诊患了‘非典’的人”.

则易知 A,B,C,D 构成了一完备事件组,由全概率公式得

$$P(E)=P(A)P(E \mid A)+P(B)P(E \mid B)+P(C)P(E \mid C)+P(D)P(E \mid D)=$$

$$\frac{250}{25\ 000}\times 5\%+\frac{500}{25\ 000}\times 3\%+\frac{1\ 000}{25\ 000}\times 1\%+\frac{23\ 250}{25\ 000}\times 0.01\%=0.001\ 593$$

(2) 由贝叶斯公式知

$$P(B \mid E)=\frac{P(B)P(E \mid B)}{P(E)}=\frac{\frac{500}{25\ 000}\times 3\%}{0.001\ 593}\approx 0.376\ 65$$

1.3　同步习题解析

习题 1.1 解答

1. 写出下列随机试验的样本空间 S.

(1) 记录一个班一次数学考试的平均分数(设以百分制记分);

(2) 生产产品直到有 10 件正品为止,记录生产产品的总件数;

(3) 对某工厂出厂的产品进行检查,合格的记作"正品",不合格的记作"次品",如连续查出了 2 件次品就停止检查,或检查了 4 件产品就停止检查,记录检查的结果;

(4) 在单位圆内任意取一点,记录它的坐标.

解 (1) 以 n 表示"该班的同学数",总成绩 i 的可能取值为 $0,1,2,3,\cdots,100n$,所以试验的样本空间为 $S=\{\frac{i}{n} \mid i=0,1,2,\cdots,100n\}$.

(2) 设在生产第 10 件正品前共生产了 k 件次品,样本空间为 $S=\{10+k \mid k=0,1,2,\cdots\}$ 或写成 $S=\{10,11,12,\cdots\}$.

(3) 以 0 表示"检查到一件次品",1 表示"检查到一件正品",例如,0110 表示第一次与第四次检查到的是次品,而第二次与第三次检查到的是正品,所以样本空间可表示为

$$S=\{00,100,0100,0101,0110,1100,1010,1011,0111,1101,1110,1111\}$$

(4) 若取一直角坐标系,则有 $S=\{(x,y) \mid x^2+y^2<1\}$,若取极坐标系,则有 $S=\{(\rho,\theta) \mid \rho<1,0\leqslant\theta<2\pi\}$.

2. 设 A,B,C 为三个事件,用 A,B,C 的运算关系表示下列各事件:

(1) A,B,C 中不多于一个发生;

(2) A,B,C 中不多于两个发生;

(3) A,B,C 中至少有两个发生.

解 以下分别用 $D_i(i=1,2,3)$ 表示(1),(2),(3) 中所给出的事件,注意一个事件不发生,即为它的对立事件发生. 例如,事件 A 不发生,即为 $\overline{A}$ 发生.

(1)"A,B,C 中不多于一个发生"表示 A,B,C 都不发生或 A,B,C 中恰有一个发生,因此,$D_1=\overline{ABC}\cup A\overline{BC}\cup\overline{A}B\overline{C}\cup\overline{AB}C$.

或"A,B,C 中不多于一个发生"表示"A,B,C 中至少有两个不发生",亦即 $\overline{AB},\overline{BC},\overline{AC}$ 中至少有一个发生,因此又有

$$D_1=\overline{AB}\cup\overline{BC}\cup\overline{CA}$$

(2)"A,B,C 中不多于两个发生"表示 A,B,C 都不发生或 A,B,C 中恰有一个发生或 A,B,C 中恰有两个发生,因此

$$D_2=\overline{ABC}\cup A\overline{BC}\cup\overline{A}B\overline{C}\cup\overline{AB}C\cup AB\overline{C}\cup A\overline{B}C\cup\overline{A}BC$$

或"A,B,C 中不多于两个发生"表示 A,B,C 中至少有一个不发生,亦即 $\overline{A},\overline{B},\overline{C}$ 中至少有一个发生,即有 $D_2=\overline{A}\cup\overline{B}\cup\overline{C}$.

或"A,B,C 中不多于两个发生"是事件"A,B,C 三个都发生"的对立事件,因此又有 $D_2=\overline{ABC}$.

(3) $D_3=AB\cup BC\cup CA$,也可写成

$$D_3=ABC\cup\overline{A}BC\cup A\overline{B}C\cup AB\overline{C}$$

注 ① 两事件的差可用对立事件来表示,例如:

$$A-B=A\overline{B},\quad A-BC=A\overline{BC}$$

② 易犯的错误是，误将$\overline{AB}$与$\overline{A}\,\overline{B}$等同起来，事实上

$$\overline{AB}=\overline{A}\cup\overline{B}\neq\overline{A}\,\overline{B}$$

又如

$$\overline{ABC}=\overline{A}\cup\overline{B}\cup\overline{C}\neq\overline{A}\,\overline{B}\,\overline{C}$$

③ 易误认为$S=A\cup B\cup C$，事实上，$S-A\cup B\cup C$可能不等于$\varnothing$，一般$S\supset A\cup B\cup C$.

3. 互不相容事件与对立事件的区别何在？说出下列各对事件的关系：

(1)$|x-a|<\delta$与$x-a\geqslant\delta$；　(2)$x>20$与$x\leqslant 20$；

(3)$x>20$与$x<18$；　(4)$x>20$与$x\leqslant 22$；

(5)20个产品全是合格品与20个产品中只有一个是废品；

(6)20个产品全是合格品与20个产品中至少有一个是废品.

解　(1) 互不相容事件；(2) 对立事件；(3) 互不相容事件；(4) 相容事件；(5) 互不相容事件；(6) 对立事件.

4. 用步枪射击目标5次，设A_i为“第i次击中目标”($i=1,2,3,4,5$)，B为“5次击中次数大于2”，用文字叙述下列事件：

(1)$A=\sum\limits_{i=1}^{5}A_i$；(2)$\overline{A}$；(3)$\overline{B}$.

解　(1)5次中至少有一次击中目标；(2)5次均未击中目标；(3)5次射击击中次数最多为2次.

5. 在图书馆中随意抽取一本书，事件A表示“数学书”，B表示“中文图书”，C表示“平装书”.(1) 说明事件$AB\overline{C}$的实际意义；(2) 若$\overline{C}\subset B$，说明了什么？(3)$\overline{A}=B$是否意味着馆中所有数学书都不是中文版的？

解　(1)$AB\overline{C}$表示抽取到的是一本精装的中文数学书；(2)$\overline{C}\subset B$说明精装的书都是中文书；(3)$\overline{A}=B$表示除数学书以外的书都是中文的，并不意味着馆中所有数学书都不是中文版的.

习题1.2解答

1. 某单位有50%的订户订日报，67%的订户订晚报，85%的订户至少订这两种报纸中的一种，求同时订这两种报纸的订户的概率.

解　设A表示“订户订日报”，B表示“订户订晚报”.

$$P(AB)=P(A)+P(B)-P(A\cup B)=$$
$$50\%+67\%-85\%=0.32$$

2. 加工某产品需经两道工序，如果这两道工序都合格的概率为0.95，求至少有一道工序不合格的概率.

解　设 A 表示“第一道工序合格”，B 表示“第二道工序合格”.

$$P(\bar{A}\cup\bar{B})=1-P(AB)=1-0.95=0.05$$

3.10 把钥匙中有 3 把能打开门，今任意取两把，求能把门打开的概率.

解　设 A 表示“能把门打开”，$\bar{A}$ 表示“不能打开门”.

$$P(A)=\frac{C_3^1C_7^1}{C_{10}^2}+\frac{C_3^2C_7^0}{C_{10}^2}=\frac{8}{15}$$

或

$$P(A)=1-P(\bar{A})=1-\frac{C_7^2}{C_{10}^2}=\frac{8}{15}$$

4. 任意将 10 本书放在书架上，其中有两套书，一套 3 本，另一套 4 本. 求下列事件的概率：

(1) 3 本一套的放在一起；

(2) 两套各自放在一起；

(3) 两套中至少有一套放在一起.

解　设 A 表示“3 本一套的放在一起”，B 表示“4 本一套的放在一起”，C 表示“两套各自放在一起”.

(1) $P(A)=\dfrac{8!\times3!}{10!}=\dfrac{1}{15}$；

(2) $P(C)=P(AB)=\dfrac{5!\times4!\times3!}{10!}=\dfrac{1}{210}$；

(3) $P(B)=\dfrac{7!\times4!}{10!}=\dfrac{1}{30}$，$P(A\cup B)=P(A)+P(B)-P(AB)=\dfrac{1}{15}+\dfrac{1}{30}-\dfrac{1}{210}=\dfrac{2}{21}$.

5. 调查某单位得知，购买空调的占 15%，购买计算机的占 12%，购买 DVD 的占 20%. 其中购买空调与计算机 R 占 6%，购买空调与 DVD 的占 10%，购买计算机和 DVD 的占 5%，三种电器都购买的占 2%. 求下列事件的概率：

(1) 至少购买一种电器；

(2) 至多购买一种电器；

(3) 三种电器都没购买.

解　设 A 表示“购买空调”，B 表示“购买计算机”，C 表示“购买 DVD”

(1) $P(A\cup B\cup C)=P(A)+P(B)+P(C)-P(AB)-P(AC)-P(BC)+P(ABC)=0.15+0.12+0.2-0.06-0.1-0.05+0.02=0.28$；

(2) $P(\bar{A}\bar{B}\bar{C}\cup A\bar{B}\bar{C}\cup\bar{A}B\bar{C}\cup\bar{A}\bar{B}C)=P(\bar{A}\bar{B}\bar{C})+P(A\bar{B}\bar{C})+P(\bar{A}B\bar{C})+P(\bar{A}\bar{B}C)=1-P(A\cup B\cup C)+P(A)-P(AB)-P(AC)+P(ABC)+P(B)-P(BA)-P(BC)+P(ABC)+P(C)-P(CA)-P(CB)+P(ABC)=1-0.28+0.15-0.06-0.1+0.02+0.12-0.06-0.05+0.02+0.2-0.1-0.05+0.02=0.83$；

(3) $P(\bar{A}\bar{B}\bar{C})=1-P(A\cup B\cup C)=1-0.28=0.72$.

6.(1) 设 A,B,C 是三个事件,且 $P(A)=P(B)=P(C)=\frac{1}{4}$,$P(AB)=P(BC)=0$,$P(AC)=\frac{1}{8}$,求 A,B,C 至少有一个发生的概率;

(2) 已知 $P(A)=\frac{1}{2}$,$P(B)=\frac{1}{3}$,$P(C)=\frac{1}{5}$,$P(AB)=\frac{1}{10}$,$P(AC)=\frac{1}{15}$,$P(BC)=\frac{1}{20}$,$P(ABC)=\frac{1}{30}$,求 $A\cup B$,$\overline{A}\,\overline{B}$,$A\cup B\cup C$,$\overline{A}\,\overline{B}\,\overline{C}$,$\overline{A}\,\overline{B}C$,$\overline{A}\,\overline{B}\cup C$ 的概率;

(3) 已知 $P(A)=\frac{1}{2}$,① 若 A,B 互不相容,求 $P(A\overline{B})$;② 若 $P(AB)=\frac{1}{8}$,求 $P(A\overline{B})$.

解　(1)$P(A\cup B\cup C)=P(A)+P(B)+P(C)-P(AB)-P(BC)-P(AC)+P(ABC)=\frac{5}{8}+P(ABC)$.

由 $ABC\subset AB$,已知 $P(AB)=0$,故 $0\leqslant P(ABC)\leqslant P(AB)=0$,得 $P(ABC)=0$,所以 $P(A\cup B\cup C)=\frac{5}{8}$.

(2)$P(A\cup B)=P(A)+P(B)-P(AB)=\frac{1}{2}+\frac{1}{3}-\frac{1}{10}=\frac{11}{15}$.

$$P(\overline{A}\,\overline{B})=P(\overline{A\cup B})=1-P(A\cup B)=\frac{4}{15}$$

$$P(A\cup B\cup C)=P(A)+P(B)+P(C)-P(AB)-P(AC)-P(BC)+P(ABC)=$$

$$\frac{1}{2}+\frac{1}{3}+\frac{1}{5}-\frac{1}{10}-\frac{1}{15}-\frac{1}{20}+\frac{1}{30}=\frac{51}{60}=\frac{17}{20}$$

$$P(\overline{A}\,\overline{B}\,\overline{C})=P(\overline{A\cup B\cup C})=1-P(A\cup B\cup C)=\frac{3}{20}$$

$$P(\overline{A}\,\overline{B}C)=P(\overline{A}\,\overline{B}(S-\overline{C}))=P(\overline{A}\,\overline{B}-\overline{A}\,\overline{B}\,\overline{C})=P(\overline{A}\,\overline{B})-P(\overline{A}\,\overline{B}\,\overline{C})=$$

$$=\frac{4}{15}-\frac{3}{20}=\frac{16-9}{60}=\frac{7}{60}$$

记 $p=P(\overline{A}\,\overline{B}\cup C)$,由加法公式得

$$p=P(\overline{A}\,\overline{B})+P(C)-P(\overline{A}\,\overline{B}C)=\frac{4}{15}+\frac{1}{5}-\frac{7}{60}=\frac{7}{20}$$

(3)①$P(A\overline{B})=P(A(S-B))=P(A-AB)=P(A)-P(AB)=\frac{1}{2}$;

②$P(A\overline{B})=P(A(S-B))=P(A-AB)=P(A)-P(AB)=\frac{1}{2}-\frac{1}{8}=\frac{3}{8}$.

7.10 片药片中有 5 片是安慰剂.

(1) 从中任意抽取 5 片,求其中至少有 2 片是安慰剂的概率;

(2) 从中每次取一片,做不放回抽样,求前三次都取到安慰剂的概率.

解　(1)$p=1-P$(取到的 5 片药片均不是安慰剂)$-P$(取到的 5 片药片中只有 1 片

是安慰剂）$=1-\frac{C_5^0C_{10-5}^5}{C_{10}^5}-\frac{C_5^1C_{10-5}^4}{C_{10}^5}=\frac{113}{126}$；

(2) $p=\frac{5}{10}\times\frac{4}{9}\times\frac{3}{8}=\frac{1}{12}$.

8. 某油漆公司发出17桶油漆，其中白漆10桶、黑漆4桶、红漆3桶，在搬运过程中所有标签都脱落了，交货人随意将这些油漆发给顾客，问一个订货为4桶白漆、3桶黑漆和2桶红漆的顾客，能按所订颜色如数得到订货的概率是多少？

解　设在17桶油漆中任取9桶给顾客，以 A 表示"顾客取到4桶白漆、3桶黑漆和2桶红漆"，则有

$$N(S)=C_{17}^9,\quad N(A)=C_{10}^4C_4^3C_3^2$$

故

$$P(A)=\frac{N(A)}{N(S)}=\frac{C_{10}^4C_4^3C_3^2}{C_{17}^9}=\frac{252}{2\,431}$$

9. 在1 500件产品中有400件次品、1 100件正品，任取200件.

(1) 求恰有90件次品的概率；

(2) 求至少有2件次品的概率.

解　设从1 500件产品中任取200件产品，A 表示"恰有90件次品"，B_i 表示"恰有 i 件次品($i=0,1$)"，C 表示"至少有2件次品".

(1) $N(S)=C_{1\,500}^{200}$

$$N(A)=C_{400}^{90}C_{1\,100}^{200-90}=C_{400}^{90}C_{1\,100}^{110}$$

故

$$P(A)=\frac{N(A)}{N(S)}=\frac{C_{400}^{90}C_{1\,100}^{110}}{C_{1\,500}^{200}}$$

(2) $C=S-B_0-B_1$，其中 B_0,B_1 互不相容，所以

$$P(C)=P(S-B_0-B_1)=P(S-[B_0\cup B_1])=$$
$$1-P(B_0\cup B_1)=1-P(B_0)-P(B_1)$$

因为

$$N(B_0)=C_{1\,100}^{200},\quad N(B_1)=C_{400}^{1}C_{1\,100}^{199}$$

故

$$P(B_0)=\frac{C_{1\,100}^{200}}{C_{1\,500}^{200}},\quad P(B_1)=\frac{C_{400}^{1}C_{1\,100}^{199}}{C_{1\,500}^{200}}$$

因此有

$$P(C)=1-\frac{C_{1\,100}^{200}}{C_{1\,500}^{200}}-\frac{C_{400}^{1}C_{1\,100}^{199}}{C_{1\,500}^{200}}=$$
$$1-\frac{C_{1\,100}^{200}+C_{400}^{1}C_{1\,100}^{199}}{C_{1\,500}^{200}}$$

10. 一俱乐部有5名一年级学生，2名二年级学生，3名三年级学生，2名四年级学生.

(1) 在其中任选 4 名学生，求有一、二、三、四年级的学生各一名的概率；

(2) 在其中任选 5 名学生，求一、二、三、四年级的学生均包含在内的概率.

解　(1) 共有 $5+2+3+2=12$ 名学生，在其中任选 4 名共有 $C_{12}^4=495$ 种选法，其中每个年级各选 1 名的选法有 $C_5^1C_2^1C_3^1C_2^1=60$ 种选法，因此，所求概率为

$$p=\frac{60}{495}=\frac{4}{33}$$

(2) 在 12 名学生中任选 5 名的选法共有 $C_{12}^5=792$ 种，在每个年级中有一个年级取 2 名，而其他三个年级各取 1 名的取法共有

$$C_5^2C_2^1C_3^1C_2^1+C_5^1C_2^2C_3^1C_2^1+C_5^1C_2^1C_3^2C_2^1+C_5^1C_2^1C_3^1C_2^2=240(\text{种})$$

于是所求的概率为

$$p=\frac{240}{792}=\frac{10}{33}$$

习题 1.3 解答

1. 50 件商品有 3 件次品，其余都是正品，每次取一件，不放回地从中抽取 3 件，试求：

(1)3 件商品都是正品的概率；

(2) 第三次才抽到次品的概率.

解　设 A 表示“抽取的 3 件商品都是正品”，B 表示“第三次才抽到次品”.

(1)
$$P(A)=\frac{C_{47}^3}{C_{50}^3}=0.827\ 3$$

(2)
$$P(B)=\frac{C_{47}^2C_3^1}{C_{50}^3}=0.055\ 2$$

2. 某人有 5 把钥匙，但分不清哪一把能打开房间的门，于是逐把试开，试求：

(1) 第二次才打开房门的概率；

(2) 三次内打开房门的概率.

解　设 A 表示“第二次才打开房门”，B 表示“三次内打开房门”.

(1)
$$P(A)=\frac{4\times 1}{5\times 4}=0.2$$

(2)
$$P(B)=\frac{1}{5}+\frac{4\times 1}{5\times 4}+\frac{4\times 3\times 2}{5\times 4\times 3}=0.6$$

3. 有三个形状相同的盒子，在第一个盒子中有 2 个白球和 1 个黑球，在第二个盒子中有 3 个白球和 1 个黑球，在第三个盒子中有 2 个白球和 2 个黑球，某人从这些盒子中任取一球，试求取得白球的概率.

解　设 A 表示“在第一个盒子里取球”，B 表示“在第二个盒子里取球”，C 表示“在第三个盒子里取球”，D 表示“取到的是白球”.

$$P(D)=P(A)P(D|A)+P(B)P(D|B)+P(C)P(D|C)=$$
$$\frac{1}{3}\times\frac{2}{3}+\frac{1}{3}\times\frac{3}{4}+\frac{1}{3}\times\frac{2}{4}=\frac{23}{36}$$

4.(1) 已知 $P(\overline{A})=0.3, P(B)=0.4, P(A\overline{B})=0.5$，求条件概率 $P(B\mid A\cup\overline{B})$；

(2) 已知 $P(A)=\frac{1}{4}, P(B\mid A)=\frac{1}{3}, P(A\mid B)=\frac{1}{2}$，试求 $P(A\cup B)$.

解 (1) $P(B\mid A\cup\overline{B})=\frac{P(B(A\cup\overline{B}))}{P(A\cup\overline{B})}=\frac{P(AB)}{P(A)+P(\overline{B})-P(A\overline{B})}$

由题设得

$$P(A)=1-P(\overline{A})=0.7,\quad P(\overline{B})=1-P(B)=0.6$$

$$P(AB)=P(A(S-\overline{B}))=P(A)-P(A\overline{B})=0.7-0.5=0.2$$

$$P(B\mid A\cup\overline{B})=\frac{0.2}{0.7+0.6-0.5}=0.25$$

(2)
$$P(AB)=P(B\mid A)P(A)=\frac{1}{12}$$

$$P(B)=\frac{P(AB)}{P(A\mid B)}=\frac{\frac{1}{12}}{\frac{1}{2}}=\frac{1}{6}$$

故

$$P(A\cup B)=P(A)+P(B)-P(AB)=\frac{1}{4}+\frac{1}{6}-\frac{1}{12}=\frac{1}{3}$$

5.仓库中有十箱同样规格的产品，已知其中有五箱、三箱、两箱依次为甲、乙、丙厂生产的，且甲厂、乙厂、丙厂生产的这种产品的次品率依次为 $\frac{1}{10},\frac{1}{15},\frac{1}{20}$. 从这十箱产品中任取一件产品，求取得正品的概率.

解 设 A 表示“取得正品”，B_1,B_2,B_3 分别表示“是甲、乙、丙三厂取出”.

由全概率公式得

$$P(A)=\sum_{i=1}^{3}P(B_i)P(A|B_i)=\frac{5}{10}\times\frac{9}{10}+\frac{3}{10}\times\frac{14}{15}+\frac{2}{10}\times\frac{19}{20}=0.92$$

6.设某厂有甲、乙、丙三个车间，生产同一规格的产品，每个车间的产量依次占总量的20%，30% 和 50%，各车间的次品率依次为 8%，6% 和 4%，试求：

(1) 从成品中任取一件产品是合格品的概率；

(2) 抽到的合格品恰好由乙车间生产的概率.

解 设 B_1 表示“取到甲车间的产品”，B_2 表示“取到乙车间的产品”，B_3 表示“取到丙车间的产品”，A 表示“取到合格品”.

(1) $P(B_1)=20\%, P(B_2)=30\%, P(B_3)=50\%$，

$P(A|B_1)=92\%, P(A|B_2)=94\%, P(A|B_3)=96\%$，

$P(A)=P(AB_1)+P(AB_2)+P(AB_3)=$

$P(B_1)P(A|B_1)+P(B_2)P(A|B_2)+P(B_3)P(A|B_3)=$

$20\%\times 92\%+30\%\times 94\%+50\%\times 96\%=0.946.$

$$(2)P(B_2|A)=\frac{P(AB_2)}{P(A)}=\frac{30\%\times 94\%}{20\%\times 92\%+30\%\times 94\%+50\%\times 96\%}=0.3.$$

7. 有三个盒子，里面装有红、蓝两色圆珠笔，在甲盒中装有2支红的、4支蓝的，乙盒中装有4支红的、2支蓝的，丙盒中装有3支红的、3支蓝的，今从中任取一支，设到三个盒中取笔的机会相同，它是红色圆珠笔的概率为多少？又若已知取得的笔是红色的，它是从甲盒中取得的概率是多少？

解　设B_1表示"取到甲盒子的圆珠笔"，B_2表示"取到乙盒子的圆珠笔"，B_3表示"取到丙盒子的圆珠笔"，A表示"取到红色圆珠笔"，$\bar{A}$表示"取到蓝色圆珠笔".

$$P(B_1)=\frac{1}{3},\quad P(B_2)=\frac{1}{3},\quad P(B_3)=\frac{1}{3}$$

$$P(A|B_1)=\frac{2}{6},\quad P(A|B_2)=\frac{4}{6},\quad P(A|B_3)=\frac{3}{6}$$

$$P(A)=P(AB_1)+P(AB_2)+P(AB_3)=$$
$$P(B_1)P(A|B_1)+P(B_2)P(A|B_2)+P(B_3)P(A|B_3)=$$
$$\frac{1}{3}\times\frac{2}{6}+\frac{1}{3}\times\frac{4}{6}+\frac{1}{3}\times\frac{3}{6}=\frac{1}{2}$$

$$P(B_1|A)=\frac{P(AB_1)}{P(A)}=\frac{\frac{2}{18}}{\frac{1}{2}}=\frac{2}{9}$$

8. 一箱产品由A，B两厂生产，分别各占60%，40%，其次品率分别为1%，2%. 现在从中任取一件为次品，问此时该产品是哪个厂生产的可能性最大？

解　设A表示"抽取的产品为工厂A生产的"，B表示"抽取的产品为工厂B生产的"，C为"抽取的是次品"，则有

$$P(A)=0.6,\quad P(B)=0.4,\quad P(C\mid A)=0.01,\quad P(C\mid B)=0.02$$

由贝叶斯公式得

$$P(A\mid C)=\frac{P(AC)}{P(C)}=\frac{P(A)P(C\mid A)}{P(A)P(C\mid A)+P(B)P(C\mid B)}=$$
$$\frac{0.6\times 0.01}{0.6\times 0.01+0.4\times 0.02}=\frac{3}{7}$$

可见从A工厂抽取次品的概率只占$\frac{3}{7}$，还是B厂生产次品的可能性大.

9. 据以往资料表明，某一三口之家患某种传染病的概率有以下规律：

$$P\{孩子得病\}=0.6,\quad P\{母亲得病\mid 孩子得病\}=0.5$$
$$P\{父亲得病\mid 母亲及孩子得病\}=0.4$$

求母亲及孩子得病但父亲未得病的概率.

解　设A表示"孩子得病"，B表示"母亲得病"，C表示"父亲得病"，按题意需要求$P(AB\bar{C})$，已知

$$P(A)=0.6,\quad P(B\mid A)=0.5,\quad P(C\mid BA)=0.4$$

所以

$$\begin{aligned}P(AB\overline{C})=P(\overline{C}BA)=P(\overline{C}\mid BA)P(BA)=\\ P(\overline{C}\mid BA)P(B\mid A)P(A)=\\ (1-P(C\mid BA))P(B\mid A)P(A)=\\ 0.6\times0.5\times0.6=0.18\end{aligned}$$

10.已知在10件产品中有2件次品，在其中取两次，每次任取一件，做不放回抽样，求下列事件的概率：

(1) 两件都是正品；

(2) 两件都是次品；

(3) 一件是正品，一件是次品；

(4) 第二次取出的是次品.

解　设在10件产品中(其中有2件次品)任取两次，每次取1件，做抽样，以$A_i(i=1,2)$表示事件“第i次抽出的是正品”，因为是不放回抽样，所以

(1)$P(A_1A_2)=P(A_2\mid A_1)P(A_1)=\frac{7}{9}\times\frac{8}{10}=\frac{28}{45}$;

(2)$P(\overline{A_1}\ \overline{A_2})=P(\overline{A_2}\mid\overline{A_1})P(\overline{A_1})=\frac{1}{9}\times\frac{2}{10}=\frac{1}{45}$;

(3)$P(A_1\overline{A_2}\cup\overline{A_1}A_2)=P(A_1\overline{A_2})+P(\overline{A_1}A_2)$(因$(A_1\overline{A_2})(\overline{A_1}A_2)=\varnothing$)$=$

$$P(\overline{A_2}\mid A_1)P(A_1)+P(A_2\mid\overline{A_1})P(\overline{A_1})=$$

$$\frac{2}{9}\times\frac{8}{10}+\frac{8}{9}\times\frac{2}{10}=\frac{16}{45};$$

也可利用(1)(2)的结果，因为$A_1A_2\cup\overline{A_1}\ \overline{A_2}\cup A_1\overline{A_2}\cup\overline{A_1}A_2=S$，且$\overline{A_1}\ \overline{A_2},A_1\overline{A_2},\overline{A_1}A_2$两两不相容，故

$$P(A_1\overline{A_2}\cup\overline{A_1}A_2)=1-\frac{28}{45}-\frac{1}{45}=\frac{16}{45}$$

(4)$P(\overline{A_2})=P((A_1\cup\overline{A_1})\overline{A_2})=P(A_1\overline{A_2}\cup\overline{A_1}\ \overline{A_2})=$

$$\begin{aligned}P(A_1\overline{A_2})+P(\overline{A_1}\ \overline{A_2})=\\ P(\overline{A_2}\mid A_1)P(A_1)+P(\overline{A_2}\mid\overline{A_1})P(\overline{A_1})=\\ \frac{2}{9}\times\frac{8}{10}+\frac{1}{9}\times\frac{2}{10}=\frac{1}{5}.\end{aligned}$$

11.已知男子有5%是色盲患者，女子有0.25%是色盲患者，今从男女人数相等的人群中随机地挑选一人，恰好是色盲者，问此人是男性的概率是多少？

解　设A表示“选出的是男性”，则$\overline{A}$表示“选出的是女性”，H表示“选出的人患色盲”，则$\overline{H}$表示“选出的人不患色盲”，由题意可知

$$P(A)=P(\overline{A})=\frac{1}{2}$$

$$P(H \mid A)=0.05, \quad P(H \mid \overline{A})=0.0025$$

所需求的概率是 $P(A \mid H)$，由贝叶斯公式得

$$P(A \mid H)=\frac{P(AH)}{P(H)}=\frac{P(H \mid A)P(A)}{P(H \mid A)P(A)+P(H \mid \overline{A})P(\overline{A})}=$$

$$\frac{0.05\times\frac{1}{2}}{0.05\times\frac{1}{2}+0.0025\times\frac{1}{2}}=\frac{500}{525}=\frac{20}{21}$$

12. 将两信息分别编码为A和B传送出去，接收站收到时，A被误收作B的概率为0.02，而B被误收作A的概率为0.01，信息A与信息B传送的频繁程度为2∶1，若接收站收到的信息是A，问原发信息是A的概率是多少？

解　设 D 表示"将信息A传递出去"，则 $\overline{D}$ 表示"将信息B传递出去"，R 表示"接收到信息A"，则 $\overline{R}$ 表示"接收到信息B"，按题意需求概率 $P(D \mid R)$，已知 $P(\overline{R} \mid D)=0.02$，$P(R \mid \overline{D})=0.01$，且有 $P(D)/P(\overline{D})=2$，由于 $P(D)+P(\overline{D})=1$，得知 $P(D)=\frac{2}{3}$，$P(\overline{D})=\frac{1}{3}$，由贝叶斯公式可得

$$P(D \mid R)=\frac{P(DR)}{P(R)}=\frac{P(R \mid D)P(D)}{P(R \mid D)P(D)+P(R \mid \overline{D})P(\overline{D})}=$$

$$\frac{(1-0.02)\times\frac{2}{3}}{(1-0.02)\times\frac{2}{3}+0.01\times\frac{1}{3}}=\frac{196}{197}$$

习题1.4解答

1. 甲、乙两射手各自向同一目标射击，已知甲击中目标的概率为0.9，乙击中目标的概率为0.8，试求目标被击中的概率.

解　设 A 表示"甲击中目标"，B 表示"乙击中目标"，目标被命中的概率：

$$P(A\cup B)=P(A)+P(B)-P(AB)=$$

$$0.8+0.9-0.72=0.98$$

2. 甲、乙、丙三人独立地去破译一个密码，他们能破译出的概率分别为 $\frac{1}{5}$，$\frac{1}{3}$，$\frac{1}{4}$，求此密码能被破译的概率.

解　设 A 表示"甲独立破译出密码"，B 表示"乙独立破译出密码"，C 表示"丙独立破译出密码".

$$P(A\cup B\cup C)=P(A)+P(B)+P(C)-P(AB)-P(AC)-P(BC)+P(ABC)=$$

$$\frac{1}{5}+\frac{1}{3}+\frac{1}{4}-\frac{1}{5}\times\frac{1}{3}-\frac{1}{5}\times\frac{1}{4}-\frac{1}{3}\times\frac{1}{4}+\frac{1}{5}\times\frac{1}{3}\times\frac{1}{4}=\frac{3}{5}$$

或

$$P(A\cup B\cup C)=1-P(\overline{A}\,\overline{B}\,\overline{C})=1-\frac{4}{5}\times\frac{2}{3}\times\frac{3}{4}=\frac{3}{5}$$

3.设某人打靶,命中率为0.7,现独立重复射击5次,求恰好命中两次的概率.

解　这是一个伯努利概型,其中 $n=5$, $p=0.7$, $q=1-0.7=0.3$,所求概率为

$$P_5(2)=C_5^2\times0.7^2\times0.3^3=0.132\ 3$$

4.投掷一枚均匀的硬币,独立重复地掷5次,求其中至少有4次出现正面向上的概率.

解　这是一个伯努利概型,其中 $n=5$, $p=0.5$, $q=1-0.5=0.5$,所求概率为

$$P_5(4)+P_5(5)=C_5^4\times0.5^4\times0.5^1+C_5^5\times0.5^5\times0.5^0=0.187\ 5$$

5.某种灯泡耐用时间在1 500 h以上的概率为0.2,求三个这样的灯泡在使用1 500 h后最多只有一个损坏的概率.

解　这是一个伯努利概型,其中 $n=3$, $p=0.2$, $q=1-0.2=0.8$,所求概率为

$$P_3(3)+P_3(2)=C_3^3\times0.2^3\times0.8^0+C_3^2\times0.2^2\times0.8^1=0.104$$

6.有两种花籽,发芽率分别为0.8,0.9,从中各取一颗,设各花籽是否发芽相互独立,求:(1) 这两颗花籽都能发芽的概率;(2) 至少有一颗能发芽的概率;(3) 恰有一颗能发芽的概率.

解　设 A,B 分别表示"第一颗、第二颗花籽能发芽",即有 $P(A)=0.8$,$P(B)=0.9$.

(1) 由 A,B 相互独立,得两颗花籽都能发芽的概率为

$$P(AB)=P(A)P(B)=0.8\times0.9=0.72$$

(2) 至少有一颗花籽能发芽的概率,即事件 $A\cup B$ 的概率为

$$P(A\cup B)=P(A)+P(B)-P(AB)=0.8+0.9-0.72=0.98$$

(3) 恰有一颗花籽能发芽的概率,即为事件 $A\overline{B}\cup\overline{A}B$ 的概率,由(2)得

$$P(A\overline{B}\cup\overline{A}B)=P(A)+P(B)-2P(AB)=0.8+0.9-2\times0.72=0.26$$

7.设事件 A,B 的概率均大于零,说明以下的叙述(1) 必然对;(2) 必然错;(3) 可能对,并说明理由:(1) 若 A 与 B 互不相容,则它们相互独立;(2) 若 A 与 B 相互独立,则它们互不相容;(3)$P(A)=P(B)=0.6$,且 A,B 互不相容;(4)$P(A)=P(B)=0.6$,且 A,B 相互独立.

解　(1) 必然错,若 A,B 互不相容,则 $0=P(AB)\neq P(A)P(B)$;

(2) 必然错,若 A,B 相互独立,则 $P(AB)=P(A)P(B)>0$;

(3) 必然错,若 A,B 互不相容,则 $P(A\cup B)=P(A)+P(B)=1.2$,这是不对的;

(4) 可能对.

8.根据报道美国人的血型分布近似为:A型为37%,O型为44%,B型为13%,AB型为6%,夫妻拥有的血型是相互独立的.

(1)B型的人只有输入B,O两种血型才安全,若妻为B型,夫为何种血型未知,求夫是妻的安全输血者的概率;

(2) 随机地抽取一对夫妇,求妻为B型,夫为A型的概率;

(3) 随机地抽取一对夫妇,求其中一人为A型,另一人为B型的概率;

(4) 随机地抽取一对夫妇,求其中至少有一人是O型的概率.

解　(1) 由题意可知,夫血型应为B,O才为妻的安全输血者,因两种血型互不相容,故所求概率为

$$p_1=0.13+0.44=0.57$$

(2) 因夫妻拥有的血型相互独立,于是所求概率为

$$p_2=0.13\times 0.37=0.048\ 1$$

(3) $p_3=2\times 0.37\times 0.13=0.096\ 2$

(4) 有三种可能,即夫为O,妻为非O;妻为O,夫为非O;夫妻均为O

$$p_4=2\times 0.44\times(1-0.44)+0.44\times 0.44=0.686\ 4$$

9. 有一种检验艾滋病病毒的检验法,其结果被报道有概率为0.005的人为假阳性,(即不带艾滋病病毒者,经此检验法有0.005的概率被认为带艾滋病病毒),今有140名不带艾滋病病毒的正常人全部接受此种检验,被报道至少有一人带艾滋病病毒的概率为多少?

解　在本题中,这140人的检查结果是相互独立的,这一假定是合理的,设第i号人检验的结果为A_i,表示正常,则$\overline{A_i}$表示被报道为带艾滋病病毒者,由题意可知$P(\overline{A_i})=0.005$,从而$P(A_i)=1-0.005=0.995$,于是140人经检验至少有一人被报道.

$$p=P(\text{至少有一人呈阳性})=1-P(\text{无人为阳性})=$$

$$1-P(\prod_{i=1}^{140}A_i)=1-0.995^{140}$$

由 $140\lg 0.995=\lg 0.495\ 7$,得

$$p=1-0.495\ 7=0.504\ 3$$

这说明,即使无人带艾滋病病毒,这样的检验法认为140人中至少有一人带艾滋病病毒的概率大于$\frac{1}{2}$.

10. 设A,B是两个事件,满足$P(B|A)=P(B|\overline{A})$,证明事件A,B相互独立.

证明　$P(B|A)=\dfrac{P(AB)}{P(A)},P(B|\overline{A})=\dfrac{P(\overline{A}B)}{P(\overline{A})}=\dfrac{P(\overline{A}B)}{1-P(A)}$.

由题意可知$P(B|A)=P(B|\overline{A})$,即$\dfrac{P(AB)}{P(A)}=\dfrac{P(\overline{A}B)}{P(\overline{A})}$,于是

$$P(AB)=P(A)[P(AB)+P(\overline{A}B)]=P(A)P(AB+\overline{A}B)=P(A)P(B)$$

即A与B相互独立.

1.4 单元测试

一、填空题

1. 将一枚骰子连掷两次，则两次的点数之和为 7 的概率为________.

2. 将三封不同的信随机投入编号为 1,2,3,4 的四个邮筒中，则 2 号邮筒中恰有一封信的概率为________.

3. 在 10 个零件中，有 7 个正品、3 个次品，每次从中任取一个零件(取出的零件不再放回)，则第三次取到正品的概率为________.

4. 一袋中有 6 个红球、4 个白球，先后从袋中随机抽取两个，则第二次取到的球是白球的概率为________.

5. 设甲、乙两篮球运动员投篮的命中率分别为 0.7,0.6，每人投篮 3 次(每次投一球)，则甲、乙两运动员都投进 2 球的概率为________.

6. 设 A,B,C 是三个随机事件，试用 A,B,C 分别表示下列事件：

(1) A,B,C 至少有一个发生________；

(2) A,B,C 中恰有一个发生________；

(3) A,B,C 中不多于一个发生________.

7. 设 A,B 为随机事件，$P(A)=0.5$，$P(B)=0.6$，$P(B|A)=0.8$，则 $P(A\cup B)=$ ________.

8. 若事件 A 和事件 B 相互独立，$P(A)=a$，$P(B)=0.3$，$P(\bar{A}\cup B)=0.7$，则 $a=$ ________.

9. 设两两独立的三个事件 A,B,C 满足 $P(A)=P(B)=P(C)<0.5$，$ABC=\varnothing$，且 $P(A\cup B\cup C)=\frac{9}{16}$，则 $P(A)=$ ________.

10. 甲、乙两人独立地对同一目标射击一次，其命中率分别为 0.6 和 0.5，现已知目标被命中，则它是甲射中的概率为________.

二、选择题

1. 设 A,B 为任意两个事件，则以下选项一定成立的是(　　).

A. $(A+B)-B=A$　　B. $(A+B)-B\subset A$

C. $(A-B)+B=A$　　D. $(A-B)\cdot B\subset A$

2. 若事件 A,B 为互逆事件，则有(　　).

A. $P(A+B)=P(A)+P(B)$　　B. $P(AB)=P(A)P(B)$

C. $P(A)=1-P(B)$　　D. $P(B|A)=P(B)$

3. 设事件 A,B 相互独立，$P(A+B)=0.6$，$P(A)=0.4$，则 $P(B)$ 为(　　).

A. $\frac{1}{5}$　　B. $\frac{1}{3}$　　C. $\frac{3}{5}$　　D. $\frac{2}{5}$

4. 设一盒中有 10 个木质球(其中 3 个红色、7 个白色)与 6 个玻璃球(其中 2 个红色、4 个白色)，现从中任取一球，设 A 表示“取到白球”，B 表示“取到玻璃球”，则 $P(B|A)$ 为(　　).

A. $\frac{3}{5}$　　B. $\frac{3}{8}$　　C. $\frac{4}{7}$　　D. $\frac{4}{11}$

5. 事件 A,B,C 满足 $P(A)=P(B)=P(C)=\frac{1}{4}$，$P(AB)=P(BC)=0$，$P(AC)=\frac{1}{8}$，则 $P(A+B+C)$ 为(　　).

A. $\frac{3}{4}$　　B. $\frac{5}{8}$　　C. $\frac{3}{8}$　　D. $\frac{1}{8}$

6. 设 A,B 为两随机事件，且 $B\subset A$，则下列式子正确的是(　　).

A. $P(A+B)=P(A)$　　B. $P(AB)=P(A)$

C. $P(B|A)=P(B)$　　D. $P(B-A)=P(B)-P(A)$

7. 以 A 表示事件“甲种产品畅销，乙种产品滞销”，则其对立事件 $\overline{A}$ 为(　　).

A. “甲种产品滞销，乙种产品畅销”

B. “甲、乙两种产品均畅销”

C. “甲种产品滞销”

D. “甲种产品滞销或乙种产品畅销”

8. 袋中有 50 个乒乓球，其中 20 个黄球，30 个白球，现在两个人不放回地依次从袋中随机各取一球，则第二个人取到黄球的概率是(　　).

A. $\frac{1}{5}$　　B. $\frac{2}{5}$　　C. $\frac{3}{5}$　　D. $\frac{4}{5}$

9. 对于事件 A,B，下列命题正确的是(　　).

A. 若 A,B 互不相容，则 $\overline{A}$ 与 $\overline{B}$ 也互不相容

B. 若 A,B 相容，那么 $\overline{A}$ 与 $\overline{B}$ 也相容

C. 若 A,B 互不相容，且概率都大于零，则 A,B 也相互独立

D. 若 A,B 相互独立，那么 $\overline{A}$ 与 $\overline{B}$ 也相互独立

10. 若 $P(B|A)=1$，那么下列命题中不正确的是(　　).

A. $A\subset B$　　B. $B\neq A$　　C. $A-B=\varnothing$　　D. $P(A-B)=0$

1.5 单元测试答案

一、填空题

1. $\frac{1}{6}$　2. $\frac{27}{64}$　3. $\frac{7}{120}$　4. $\frac{2}{5}$　5. 0.190 512　6. (1) $A \cup B \cup C$　(2) $A\overline{B}\,\overline{C} \cup \overline{A}B\overline{C} \cup \overline{A}\,\overline{B}C$　(3) $\overline{A}\,\overline{B} \cup \overline{A}\,\overline{C} \cup \overline{A}\,\overline{C}$ 或 $A\overline{B}\,\overline{C} \cup \overline{A}B\overline{C} \cup \overline{A}\,\overline{B}C \cup \overline{A}\,\overline{B}\,\overline{C}$　7. 0.7　8. $\frac{3}{7}$　9. $\frac{1}{4}$　10. 0.75

二、选择题

1. B　2. A　3. B　4. D　5. B　6. A　7. D　8. B　9. D　10. B

第 2 章 随机变量及其概率分布

2.1 内容提要

1. 随机变量的概念

设 E 为随机试验，其样本空间为 Ω，如果对于 Ω 中每个基本事件 e 都有唯一的实数值 $X(e)$ 与之对应，则称 $X(e)$ 为随机变量，通常用字母 X,Z,Y 或 ξ,η 等表示.

2. 离散型随机变量及其概率分布

(1) 事件概率分布(分布律)

设 $x_k(k=1,2,\cdots)$ 为离散型随机变量 X 的所有可能取值，而 $p_k(k=1,2,\cdots)$ 是 X 的取值为 x_k 时相对应的概率，即

$$P(X=x_k)=p_k \quad (k=1,2,\cdots)$$

或写成下表：

X	x_1	x_2	$\cdots$	x_k	$\cdots$
P	p_1	p_2	$\cdots$	p_k	$\cdots$

为离散型随机变量 X 的概率分布或分布律，简称为分布.

(2) 常见离散型分布

① 两点分布.

如果随机变量 X 的可能取值只有 0 和 1，它的分布律为

$$P\{X=1\}=p, \quad P\{X=0\}=1-p=q$$

即

X	0	1
P	$1-p$	p

则称 X 服从参数为 p 的两点分布或(0－1) 分布.

两点分布可以作为伯努利试验的概率分布的数学模型，是经常遇到的一种分布．在实际中，服从两点分布的随机变量较多．

② 超几何分布．

一般地，如果某产品的总数为 N，其中次品个数为 M，从中任取 n 个产品，以 X 表示取出的 n 个产品中次品的个数，则 X 的分布律为

$$P\{X=k\}=\frac{C_M^k C_{N-M}^{n-k}}{C_N^n} \quad (k=1,2,\cdots,\tau)$$

其中，$\tau=\min\{n,M\}$，n,N,M 为整数，且 $M\leqslant N,n\leqslant N$，则称 X 服从参数为 n,N,M 的超几何分布．

③ 二项分布．

如果随机变量 X 的概率分布为

$$P\{X=k\}=C_n^k p^k q^{n-k} \quad (k=0,1,2,\cdots,n)$$

其中，$q=1-p,0<p<1$，则称 X 服从参数为(n,p) 的二项分布，记作 $X\sim B(n,p)$．

容易验证

$$P\{X=k\}=C_n^k p^k q^{n-k}\geqslant 0 \quad (k=0,1,2,\cdots,n)$$

$$\sum_{k=0}^{n} P\{X=k\}=\sum_{k=0}^{n} C_n^k p^k q^{n-k}=(p+q)^n=1$$

注意到 $C_n^k p^k q^{n-k}$ 正好是二项式$(p+q)^n$ 的展开式的通项，因此称该分布为二项分布．特别地，当 $n=1$ 时，二项分布为

$$P\{X=k\}=p^k(1-p)^{1-k} \quad (k=0,1)$$

这也是$(0-1)$分布，故当 X 服从$(0-1)$分布时，也记作 $X\sim B(1,p)$．

当二项分布 $B(n,p)$ 的两个参数 n,p 已知时，就可以计算出随机变量 X 取任意值的概率．二项分布可以运用于 n 次独立试验，特别在产品的抽样检验中有着广泛的应用．

④ 泊松分布．

由于实际中遇到的二项分布常常 n 很大，这样计算就很困难，因此有必要解决当 n 很大时，二项分布的近似计算问题．下面先就 n 很大，而 p 很小的情况加以讨论．1873 年，法国数学家泊松(Poisson)引入了下面的泊松定理，从而解决了此问题．

泊松定理　对于二项分布 $B(n,p_n)$，若当 n 很大，p_n 很小时，$\lambda_n=np_n\to\lambda$(正常数)，则

$$\lim_{x\to+\infty} C_n^k p_n^k(1-p_n)^{n-k}=\frac{\lambda^k}{k!}e^{-\lambda} \quad (k=0,1,2,\cdots)$$

泊松分布是二项分布当 $n\to\infty$ 时的极限分布，因此我们有一个近似公式：

$$P_n(k)=C_n^k p^k(1-p)^{n-k}\approx\frac{\lambda^k}{k!}e^{-\lambda} \quad (\lambda=np>0)$$

称为**泊松近似公式**．即当 n 充分大且 p 很小时，应用上式近似替代计算较简便．

如果随机变量 X 的概率分布为

$$P\{X=k\}=\frac{\lambda^k}{k!}\mathrm{e}^{-\lambda}\quad (k=0,1,2,\cdots)$$

其中，$\lambda>0$，则称 X 服从参数为 λ 的泊松分布，记作 $X\sim P(\lambda)$.

泊松分布是概率论中最重要的概率分布之一.前面，我们是把它作为二项分布的极限导出的，因此，可近似地把它看作是一个概率很小的事件在大量试验中出现次数的概率分布.但是它的重要意义还不仅仅是能作为二项分布的近似计算，而是在实际中有很多随机变量本身就是服从泊松分布的.

3. **分布函数的定义**

设 X 是一个随机变量，x 是任意实数，则函数

$$F(x)=P\{X\leqslant x\}\quad (-\infty<x<+\infty)$$

称为随机变量 X 的概率分布函数，简称为分布函数.

4. **分布函数的性质**

分布函数具有如下性质：

性质 1　有界性：$0\leqslant F(x)\leqslant 1$；

性质 2　单调不减性：$F(x)$ 是单调不减的函数，即对任意 $x_1<x_2$ 有 $F(x_1)\leqslant F(x_2)$；

性质 3　$F(-\infty)=\lim\limits_{x\to-\infty}F(x)=0$，$F(+\infty)=\lim\limits_{x\to+\infty}F(x)=1$；

性质 4　右连续性：$F(x)=F(x+0)$.

5. **概率密度函数**

设随机变量 X，若存在非负可积函数 $f(x)(-\infty<x<+\infty)$ 使得对于任意实数 a,b $(a<b)$ 都有

$$P\{a<X\leqslant b\}=\int_a^b f(x)\mathrm{d}x$$

则称 X 为连续型随机变量，$f(x)$ 称为 X 的概率密度函数，简称为密度函数或分布密度.

6. **常见的几种分布**

(1) 均匀分布

若随机变量 X 的概率密度为

$$f(x)=\begin{cases}\dfrac{1}{b-a} & (a\leqslant x\leqslant b)\\ 0 & (\text{其他})\end{cases}$$

则称 X 在区间 $[a,b]$ 上服从均匀分布，记作 $X\sim U[a,b]$.

(2) 指数分布

若随机变量 X 的概率密度为

$$f(x)=\begin{cases}\lambda\mathrm{e}^{-\lambda x} & (x>0)\\ 0 & (x\leqslant 0)\end{cases}$$

其中，$\lambda>0$，是常数，则称 X 服从参数为 λ 的指数分布.

7. **正态分布的定义**

若随机变量 X 的概率密度为

$$f(x)=\frac{1}{\sqrt{2\pi}\sigma}e^{-\frac{(x-\mu)^2}{2\sigma^2}}\quad(-\infty<x<+\infty)$$

其中，μ 和 σ 均为常数，且 $\sigma>0$，则称随机变量 X 服从参数为 μ 和 σ 的正态分布或高斯(Gauss)分布，记作 $X\sim N(\mu,\sigma^2)$.

8. **正态分布的性质**

正态分布的概率密度函数 $f(x)$ 是包含两个参数 μ,σ 的指数函数，它的图像称为正态曲线，如图 2.1 表示，正态曲线呈钟形，中间高两边低.

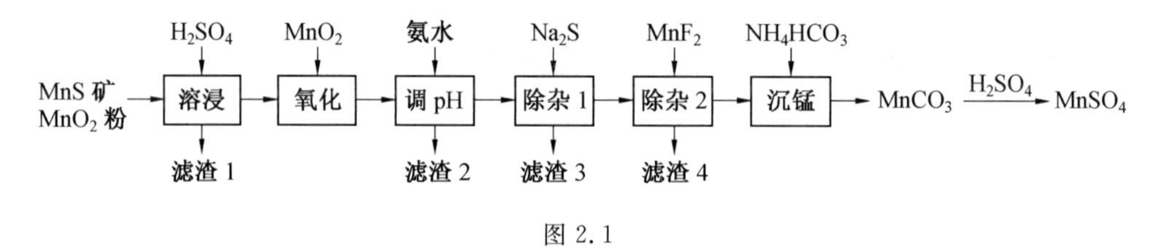

图 2.1

不难看出正态曲线有如下性质：

(1) $f(x)>0$，曲线位于 x 轴上方；

(2) 曲线 $f(x)$ 关于直线 $x=\mu$ 对称；

(3) $f(x)$ 在区间 $(-\infty,\mu)$ 上是增函数，在 $(\mu,+\infty)$ 上是减函数，当 $x=\mu$ 时有极大值

$$f(\mu)=\frac{1}{\sigma\sqrt{2\pi}}$$

(4) 以 x 轴为水平渐近线，因为

$$\lim_{x\to\infty}f(x)=\lim_{x\to\infty}\frac{1}{\sigma\sqrt{2\pi}}e^{-\frac{(x-\mu)^2}{2\sigma^2}}=0$$

(5) 在 $x=\mu\pm\sigma$ 处曲线有拐点.

由于曲线关于直线 $x=\mu$ 对称，常把常数 μ 叫作正态分布的分布中心，μ 变化，分布中心发生变化，因此参数 μ 决定曲线的位置；参数 σ 的大小决定曲线的形状，σ 越大曲线越扁平，σ 越小曲线越陡峭，如图 2.2 所示.

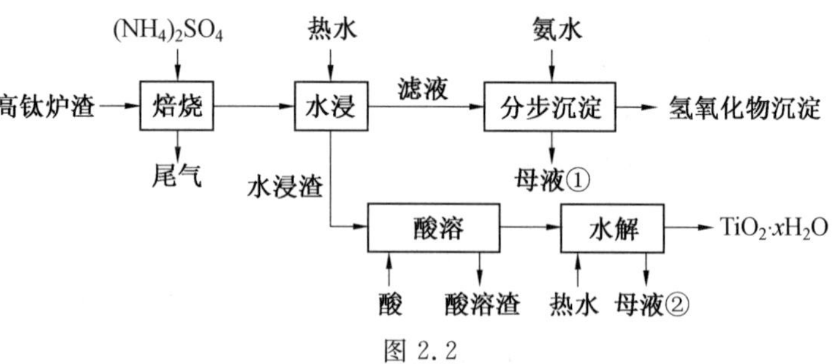

图 2.2

9. **正态分布的概率计算**

定义 当 $\mu=0,\sigma=1$ 时的正态分布 $N(0,1)$ 称为标准正态分布，记作 $X\sim N(0,1)$，标准正态分布的密度函数为

$$f(x)=\frac{1}{\sqrt{2\pi}}e^{-\frac{x^2}{2}}\quad(-\infty<x<-\infty)$$

标准正态分布的分布函数为

$$\Phi(x)=\frac{1}{\sqrt{2\pi}}\int_{-\infty}^{x}e^{-\frac{t^2}{2}}dt$$

10. 离散型随机变量函数的分布

设离散型随机变量 X 的分布律为

$$P\{X=x_k\}=p_k\quad(k=1,2,\cdots)$$

X 的函数 $Y=g(X)$ 也是离散型随机变量，当 $X=x_k$ 时，$Y=g(x_k)$，此时应有

$$P\{Y=g(x_k)\}=p_k\quad(k=1,2,\cdots)$$

如果 Y 的取值互不相同，则上式即为随机变量 $Y=g(X)$ 的分布律；如果 Y 的取值中有相同的值，只需将 Y 取相同值对应的概率求和整理即得 $Y=g(X)$ 的分布律

$$P\{Y=y_j\}=p_j\quad(j=1,2,\cdots)$$

其中，p_j 是所有满足 $g(x_i)=y_j$ 的 x_i 对应的概率 $P\{X=x_i\}=p_i$ 的和，即

$$P\{Y=y_j\}=\sum_{g(x_i)=y_j}P\{X=x_i\}$$

11. 连续型随机变量函数的分布

设随机变量 X 的概率密度为 $f_X(x)$，则 X 的函数 $Y=g(X)$ 的分布函数为

$$F_Y(y)=P\{Y\leqslant y\}=P\{g(X)\leqslant y\}=\int_{g(x)\leqslant y}f_X(x)dx$$

从而 Y 的概率密度 $f_Y(y)$ 可由 $f_Y(y)=F'_Y(y)$ 求得.

即有如下公式：$f_Y(y)=\begin{cases}f_x[h(y)]\,|h'(y)| & (\alpha<y<\beta)\\ 0 & (\text{其他})\end{cases}$

$h(y)$ 是 $g(x)$ 的反函数. $\alpha=\min\{g(-\infty),g(+\infty)\}$，$\beta=\max\{g(-\infty),g(+\infty)\}$.

2.2　典型题精解

例 1　袋中装有 5 个大小相同的球，编号为 1，2，3，4，5，从中同时取出 3 个球，求取出的最大号 X 的分布律及其分布函数并画出其图形.

解　先求 X 的分布律，由题知，X 的可能取值为 3，4，5，且

$$P\{X=3\}=\frac{1}{C_5^3}=\frac{1}{10},\quad P\{X=4\}=\frac{C_3^2}{C_5^3}=\frac{3}{10},\quad P\{X=5\}=\frac{C_4^2}{C_5^3}=\frac{6}{10}$$

所以 X 的分布律为

X	3	4	5
p_i	$\frac{1}{10}$	$\frac{3}{10}$	$\frac{6}{10}$

由 $F(x)=P\{X\leqslant x_i\}=\sum\limits_{x_i\leqslant x}p_i$ 得

$$F(x)=\begin{cases}0 & (x<3)\\ \dfrac{1}{10} & (3\leqslant x<4)\\ \dfrac{2}{5} & (4\leqslant x<5)\\ 1 & (x\geqslant 5)\end{cases}$$

注　离散型随机变量的分布律与其分布函数是一一对应的.

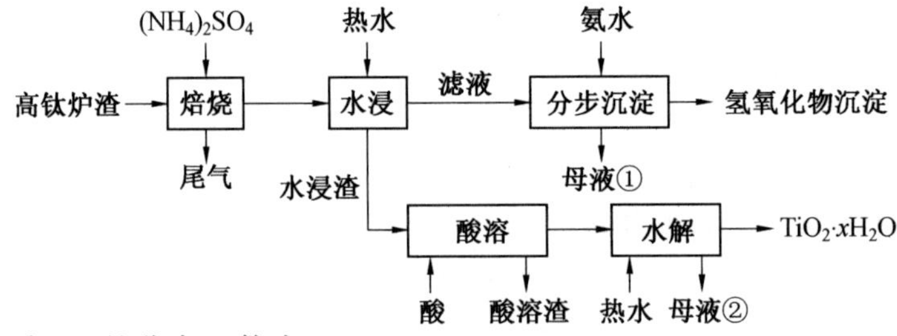

例 2　已知 X 的分布函数为

$$F(x)=\begin{cases}0 & (x<0)\\ \dfrac{x}{2} & (0\leqslant x<1)\\ \dfrac{2}{3} & (1\leqslant x<2)\\ \dfrac{11}{12} & (2\leqslant x<3)\\ 1 & (x\geqslant 3)\end{cases}$$

求 $P\{X\leqslant 3\},P\{X=1\},P\{X>\frac{1}{2}\},P\{2<X<4\}$.

解

$$P\{X\leqslant 3\}=F(3)=1$$

$$P\{X=1\}=F(1)-F(1-0)=\frac{2}{3}-\frac{1}{2}=\frac{1}{6}$$

$$P\{X>\frac{1}{2}\}=1-P\{X\leqslant\frac{1}{2}\}=1-F(\frac{1}{2})=1-\frac{1}{4}=\frac{3}{4}$$

$$P\{2<X<4\}=P\{X<4\}-P\{X\leqslant 2\}=$$

$$F(4-0)-F(2)=1-\frac{11}{12}=\frac{1}{12}$$

例 3　设某随机变量的分布函数为 $F(x)=A+B\arctan x$,试确定 A,B 的值.

解　由

$$F(-\infty)=\lim_{x\to-\infty}F(x)=\lim_{x\to-\infty}(A+B\arctan x)=A-\frac{\pi}{2}B=0$$

$$F(+\infty)=\lim_{x\to+\infty}F(x)=\lim_{x\to+\infty}(A+B\arctan x)=A+\frac{\pi}{2}B=1$$

得

$$A=\frac{1}{2},\quad B=\frac{1}{\pi}$$

例 4　设 X 的分布函数为

$$F(x)=\begin{cases}0 & (x\leqslant 0)\\ Ax^2 & (0<x\leqslant 1)\\ 1 & (x>1)\end{cases}$$

确定 A 并求 $P\{0.3<X<0.7\}$.

解　由右连续性知 $\lim\limits_{x\to1+}F(x)=1$，而 $F(1)=A\times1^2$，所以 $A=1$，即

$$F(x)=x^2\quad(0<x\leqslant 1)$$

则

$$P\{0.3<X<0.7\}=F(0.7-0)-F(0.3)=0.7^2-0.3^2=0.4$$

例 5　设某随机变量的分布函数为

$$F(x)=\begin{cases}0 & (x\leqslant -a)\\ A+B\arcsin\left(\dfrac{x}{a}\right) & (-a<x\leqslant a)\quad(a>0)\\ 1 & (x>a)\end{cases}$$

求 A,B.

解

$$\begin{cases}0=F(-a)=\lim\limits_{x\to-a+}F(x)=\lim\limits_{x\to-a+}\left[A+B\arcsin\left(\dfrac{x}{a}\right)\right]=A+B\arcsin(-1)=A-\dfrac{\pi}{2}B\\ 1=\lim\limits_{x\to a+}F(x)=F(a)=A+B\arcsin(1)=A+\dfrac{\pi}{2}B\end{cases},$$

所以

$$A=\frac{1}{2},\quad B=\frac{1}{\pi}$$

例 6　设随机变量 ξ 的密度函数为 $f(x)=\begin{cases}kx(1-x) & (0<x<1)\\ 0 & (\text{其他})\end{cases}$，其中常数 $k>0$，试确定 k 的值并求概率 $P\{X>0.3\}$ 和 X 的分布函数.

解　由 $1=\int_{-\infty}^{+\infty}f(x)\mathrm{d}x=\int_0^1 kx(1-x)\mathrm{d}x=k\int_0^1(x-x^2)\mathrm{d}x=\dfrac{k}{6}$，所以 $k=6$.

$$P\{X>0.3\}=\int_{0.3}^{+\infty}f(x)\mathrm{d}x=\int_{0.3}^{1}6x(1-x)\mathrm{d}x=0.784$$

由于密度函数为

$$f(x)=\begin{cases}6x(1-x) & (0<x<1)\\0 & (\text{其他})\end{cases}$$

所以分布函数

$$F(x)=\begin{cases}0 & (x\leqslant 0)\\\int_0^x 6t(1-t)\mathrm{d}t & (0<x\leqslant 1)\\1 & (x>1)\end{cases}$$

2.3 同步习题解析

习题 2.1 解答

1. 下面给出的表格是否是某个随机变量的分布律?

(1)

X	1	2	3	4
P	0.2	0.3	0.4	0.2

(2)

Y	0	1	2	3	…	n	…
P	$\frac{1}{2}$	$\frac{1}{4}$	$\frac{1}{8}$	$\frac{1}{16}$	…	$\frac{1}{2^{n+1}}$	…

解 (1) 不是分布律,因为概率之和不为 1;

(2) 是分布律.

2. 为了支持社会福利事业,某机构发行面额为 2 元的福利彩票 2 000 万元,其中一等奖 10 个,二等奖 100 个,三等奖 1 000 个,试求一张彩票中奖级别的概率分布.

解 将没中奖、中一等奖、中二等奖、中三等奖分别记作 0,1,2,3,则

$$P\{X=0\}=\frac{C_{9\,998\,890}^{1}}{C_{10\,000\,000}^{1}}=0.999\,889$$

$$P\{X=1\}=\frac{C_{10}^{1}}{C_{10\,000\,000}^{1}}=0.000\,001$$

$$P\{X=2\}=\frac{C_{100}^{1}}{C_{10\,000\,000}^{1}}=0.000\,01$$

$$P\{X=3\}=\frac{C_{1\,000}^{1}}{C_{10\,000\,000}^{1}}=0.000\,1$$

X	0	1	2	3

P	0.999 889	0.000 001	0.000 01	0.000 1

3.设某篮球运动员每次投篮命中的概率为0.6,写出他在3次投篮中,命中次数X的概率分布律.

解
$$P\{X=0\}=C_3^0\,0.6^0\,0.4^3=0.064$$
$$P\{X=1\}=C_3^1\,0.6^1\,0.4^2=0.288$$
$$P\{X=2\}=C_3^2\,0.6^2\,0.4^1=0.432$$
$$P\{X=3\}=C_3^3\,0.6^3\,0.4^0=0.216$$

X	0	1	2	3
P	0.064	0.288	0.432	0.216

4.设有一批产品10件,其中3件次品,从中任意抽取2件,求抽得的次品数X的概率分布律.

解
$$P\{X=0\}=\frac{C_7^2}{C_{10}^2}=\frac{7}{15}$$
$$P\{X=1\}=\frac{C_7^1C_3^1}{C_{10}^2}=\frac{7}{15}$$
$$P\{X=2\}=\frac{C_3^2}{C_{10}^2}=\frac{1}{15}$$

X	0	1	2
P	$\frac{7}{15}$	$\frac{7}{15}$	$\frac{1}{15}$

5.已知随机变量X的分布律为

X	0	2	4	6	8
P	0.1	0.3	0.2	0.3	0.1

求:(1) $P\{X=4\}$;(2)$P\{X\geqslant 2\}$;(3)$P\{X<3\}$;(4)$P\{2<X<8\}$.

解　(1)$P\{X=4\}=0.2$;

(2)$P\{X\geqslant 2\}=1-P\{X<2\}=1-P\{X=0\}=1-0.1=0.9$;

(3)$P\{X<3\}=P\{X=0\}+P\{X=2\}=0.1+0.3=0.4$;

(4)$P\{2<X<8\}=P\{X=4\}+P\{X=6\}=0.2+0.3=0.5$.

6.已知某车间生产的螺帽废品率为1%,400个螺帽中有废品5个以上的概率是多少?

解　$P\{X>5\}=1-P\{X\leqslant 4\}=1-(C_{100}^0 0.01^0 0.99^{100}+C_{100}^1 0.01^1 0.99^{99}+C_{100}^2 0.01^2 0.99^{98}+C_{100}^3 0.01^3 0.99^{97}+C_{100}^4 0.01^4 0.99^{96})=0.214\ 9$.

7. 从一批有 10 个合格品与 3 个次品的产品中一件一件地抽取,各种产品被抽到的可能性相同,求在下列两种情况下,直到取出合格品为止,所求抽取次数的分布律.

(1) 放回;

(2) 不放回.

解 (1)$P\{X=k\}=\left(\frac{3}{13}\right)^{k-1}\left(\frac{10}{13}\right)$.

(2)

X	1	2	3	4
P	$\frac{10}{13}$	$\left(\frac{3}{13}\right)\left(\frac{10}{12}\right)$	$\left(\frac{3}{13}\right)\left(\frac{2}{12}\right)\left(\frac{10}{11}\right)$	$\left(\frac{3}{13}\right)\left(\frac{2}{12}\right)\left(\frac{1}{11}\right)$

可得

X	1	2	3	4
P	$\frac{10}{13}$	$\frac{5}{26}$	$\frac{5}{143}$	$\frac{1}{286}$

8. 设在 15 个同类型的零件中有 2 个是次品,在其中抽取 3 次,每次任取 1 个,做不放回抽样,以 X 表示取出的次品的个数,求 X 的分布律.

解 在 15 个零件(其中有 2 个次品)中抽取 3 次,每次任取 1 个做不放回抽样,以 X 表示所得的次品数,X 的所有可能值为 0,1,2,且有

$$P\{X=0\}=\frac{13}{15}\times\frac{12}{14}\times\frac{11}{13}=\frac{22}{35}$$

$$P\{X=1\}=\frac{2}{15}\times\frac{13}{14}\times\frac{12}{13}+\frac{13}{15}\times\frac{2}{14}\times\frac{12}{13}+\frac{13}{15}\times\frac{12}{14}\times\frac{2}{13}=$$

$$3\left(\frac{2}{15}\times\frac{13}{14}\times\frac{12}{13}\right)=\frac{12}{35}$$

$$P\{X=2\}=1-P\{X=0\}-P\{X=1\}=\frac{1}{35}$$

分布律为

X	0	1	2
P	$\frac{22}{35}$	$\frac{12}{35}$	$\frac{1}{35}$

9. 设在独立重复试验中,每次试验成功的概率为 0.5,问需要进行多少次试验,才能使至少成功一次的概率不小于 0.9.

解 设需要 n 次,则 $X\sim B(n,0.5)$,至少成功一次的概率为 $P\{X\geqslant 1\}=1-$

$P\{X=0\}=1-0.5^n$，要求其不小于 0.9，即 $P\{X\geqslant 1\}=1-P\{X=0\}=1-0.5^n\geqslant 0.9$，解得 $n\geqslant 4$.

10. 一大楼装有 5 台同类型的供水设备，设每台设备是否被使用相互独立，调查表明在任意时刻 t 每台设备被使用的概率为 0.1，问在同一时刻(1) 恰有 2 台设备被使用的概率是多少？(2) 至少有 3 台设备被使用的概率是多少？(3) 至多有 3 台设备被使用的概率是多少？(4) 至少有 1 台设备被使用的概率是多少？

解　以 X 表示同一时刻被使用的设备的个数，则 $X\sim B(5,0.1)$.

(1) 所求的概率为

$$P\{X=2\}=C_5^2 0.1^2(1-0.1)^3=0.0729$$

(2) 所求的概率为

$$P\{X\geqslant 3\}=P\{X=3\}+P\{X=4\}+P\{X=5\}=$$
$$C_5^3 0.1^3(1-0.1)^2+C_5^4 0.1^4(1-0.1)+0.1^5=$$
$$0.0081+0.00045+0.00001=0.00856$$

(3) 所求的概率为

$$P\{X\leqslant 3\}=1-P\{X=4\}-P\{X=5\}=$$
$$1-0.00045-0.00001=0.99954$$

(4) 所求的概率为

$$P\{X\geqslant 1\}=1-P\{X=0\}=1-(1-0.1)^5=0.40951$$

11. 设事件 A 在每次试验发生的概率为 0.3，A 发生不少于 3 次时，指示灯发出信号.

(1) 进行了 5 次重复独立试验，求指示灯发出信号的概率；

(2) 进行了 7 次重复独立试验，求指示灯发出信号的概率.

解　(1) 以 X 表示在 5 次试验中事件 A 发生的次数，则 $X\sim B(5,0.3)$，指示灯发出信号这一事件可表示为 $\{X\geqslant 3\}$，故所求的概率为

$$P\{X\geqslant 3\}=C_5^3 0.3^3(1-0.3)^2+C_5^4 0.3^4(1-0.3)+0.3^5\approx 0.163$$

(2) 以 Y 表示在 7 次试验中事件 A 发生的次数，则 $Y\sim B(7,0.3)$，故指示灯发出信号的概率为

$$P\{Y\geqslant 3\}=1-P\{Y=0\}-P\{Y=1\}-P\{Y=2\}=$$
$$1-(1-0.3)^7-C_7^1(1-0.3)^6 0.3-C_7^2(1-0.3)^5 0.3^2=0.353$$

12. 已知一本书每页印刷错误的个数 X 服从参数 $\lambda=0.5$ 的泊松分布，试求：(1) X 的概率分布律；(2) 一页上印刷错误不多于 1 个的概率.

解　(1) $P\{X=k\}=\dfrac{0.5^k}{k!}e^{-0.5}$.

X	0	1	2	3	4	5
P	0.606 5	0.303 3	0.075 8	0.012 6	0.001 6	0.000 2

(2) $P\{X \leqslant 1\} = P\{X=0\} + P\{X=1\} = \frac{0.5^0}{0!}e^{-0.5} + \frac{0.5^1}{1!}e^{-0.5} =$

$$e^{-0.5} + 0.5e^{-0.5} = 1.5e^{-0.5} \approx 0.909\ 8.$$

13. 一电话总机每分钟收到呼唤的次数服从参数 $\lambda = 4$ 的泊松分布，求：(1) 某一分钟恰有 8 次呼唤的概率；(2) 某一分钟的呼唤次数大于 3 次的概率.

解　以 X 表示电话总机 1 min 收到呼唤的次数，则有

$$X \sim \lambda(4),\quad P\{X=k\} = \frac{4^k e^{-4}}{k!}\quad (k=0,1,2,\cdots)$$

(1) 所求概率为

$$P\{X=8\} = \frac{4^8 e^{-4}}{8!} = 0.029\ 8$$

(2) 所求概率为

$$P\{X > 3\} = \sum_{k=4}^{\infty} P\{X=k\} = 1 - \sum_{k=0}^{3} P\{X=k\} =$$

$$1 - \sum_{k=0}^{3} \frac{4^k e^{-4}}{k!} = 0.566\ 5$$

14. 有一繁忙的汽车站，每天有大量汽车通过，设一辆汽车在一天的某段时间内出事故的概率为 0.000 1，在某天的该时间段内有 1 000 辆汽车通过，问出事故的车辆数不小于 2 的概率是多少(利用泊松定理计算)?

解　以 X 表示在某天该时间段内汽车在该汽车站出事故的辆数，由题设 $X \sim B(1\ 000, 0.000\ 1)$，因为 $n = 1\ 000 > 100$，且 $np = 0.1 < 10$，故可利用泊松定理计算 $P\{X \geqslant 2\}$，即令 $\lambda = np = 0.1$，有

$$P\{X=k\} = C_n^k p^k (1-p)^{n-k} \approx \frac{\lambda^k e^{-\lambda}}{k!}$$

其中 $\lambda = np = 0.1$，从而

$$P\{X \geqslant 2\} = 1 - P\{X=0\} - P\{X=1\} \approx$$

$$1 - e^{-0.1} - e^{-0.1} \times 0.1 \approx 0.004\ 7$$

习题 2.2 解答

1. 如果随机变量 X 的分布律为

X	1	2	3
P	$\frac{1}{6}$	$\frac{1}{2}$	$\frac{1}{3}$

试求分布函数 $F(x)$.

解 $F(x)=\begin{cases}0 & (x\leqslant 1)\\ \dfrac{1}{6} & (1<x\leqslant 2)\\ \dfrac{2}{3} & (2<x\leqslant 3)\\ 1 & (x>3)\end{cases}$.

2. 设 X 服从 $(0-1)$ 分布，其分布律为 $P\{X=k\}=p^k(1-p)^{1-k}(k=0,1)$. 求 X 的分布函数.

解 X 服从 $(0-1)$ 分布，其分布律为

X	0	1
P	$1-p$	p

当 $x<0$ 时，$F(x)=P\{X\leqslant x\}=0$.

当 $0\leqslant x<1$ 时，

$$F(x)=P\{X\leqslant x\}=P\{X=0\}=1-p$$

当 $x\geqslant 1$ 时，

$$F(x)=P\{X\leqslant x\}=P\{X=0\}+P\{X=1\}=(1-p)+p=1$$

即

$$F(x)=\begin{cases}0 & (x<0)\\ 1-p & (0\leqslant x<1)\\ 1 & (x\geqslant 1)\end{cases}$$

3. 用随机变量来描述掷一枚硬币的结果，请写出它的分布律和分布函数.

解 随机变量 ξ 取值为 0(正面) 和 1(反面)，其分布律为

ξ	0	1
P	0.5	0.5

分布函数为 $F(x)=\begin{cases}0 & (x<0)\\ 0.5 & (0\leqslant x<1)\\ 1 & (x\geqslant 1)\end{cases}$.

4. 如果 ξ 服从 $(0-1)$ 分布，已知 ξ 取 1 的概率为它取 0 的概率的两倍，请写出 ξ 的分布律和分布函数.

解 随机变量 ξ 取值为 0 和 1，其分布律为

ξ	0	1
P	$\dfrac{1}{3}$	$\dfrac{2}{3}$

分布函数为 $F(x)=\begin{cases}0 & (x<0)\\ \dfrac{1}{3} & (0\leqslant x<1)\\ 1 & (x\geqslant 1)\end{cases}$.

习题 2.3 解答

1. 讨论函数 $f(x)$ 在区间 $[0,\pi]$ 上能否成为随机变量的密度函数？

$$f(x)=\begin{cases}\sin x & (0\leqslant x\leqslant \pi)\\ 0 & (\text{其他})\end{cases}$$

解 因为 $\int_{-\infty}^{+\infty}f(x)\mathrm{d}x=\int_{0}^{\pi}\sin x\mathrm{d}x=-\cos x\,|_{0}^{\pi}=2\neq 1$，故不能成为随机变量的密度函数.

2. 设随机变量 X 的密度函数为

$$f(x)=\begin{cases}\dfrac{A}{\sqrt{1-x^2}} & (-1<x<1)\\ 0 & (\text{其他})\end{cases}$$

求：(1) 求常数 A；(2) 求 $P\left\{-\dfrac{1}{2}<X<\dfrac{1}{2}\right\}$.

解 (1) $1=\int_{-\infty}^{+\infty}f(x)\mathrm{d}x=\int_{-1}^{1}\dfrac{A}{\sqrt{1-x^2}}\mathrm{d}x=A\arcsin x\,|_{-1}^{1}=\pi A$；

$$A=\frac{1}{\pi}$$

(2) $P\{-\dfrac{1}{2}<X<\dfrac{1}{2}\}=\int_{-\frac{1}{2}}^{\frac{1}{2}}\dfrac{1}{\pi\sqrt{1-x^2}}\mathrm{d}x=\dfrac{1}{\pi}\arcsin x\Big|_{-\frac{1}{2}}^{\frac{1}{2}}=\dfrac{1}{3}$.

3. 设随机变量 X 的密度函数为

$$f(x)=\begin{cases}A\mathrm{e}^x & (x<0)\\ 0 & (x\geqslant 0)\end{cases}$$

求：(1) 常数 A；(2) $P\{-2<X<-1\}$.

解 (1) $1=\int_{-\infty}^{+\infty}f(x)\mathrm{d}x=\int_{-\infty}^{0}A\mathrm{e}^x\mathrm{d}x=A\mathrm{e}^x\,|_{-\infty}^{0}=A$；

(2) $P\{-2<X<-1\}=\int_{-2}^{-1}\mathrm{e}^x\mathrm{d}x=\mathrm{e}^x\,|_{-2}^{-1}=\dfrac{\mathrm{e}-1}{\mathrm{e}^2}$.

4. 设随机变量 X 的密度函数为

$$f(x)=\begin{cases}\dfrac{x}{2} & (0\leqslant x\leqslant 2)\\ 0 & (\text{其他})\end{cases}$$

求它的分布函数.

解　$F(x)=\begin{cases}0 & (x<0)\\ \dfrac{x^2}{4} & (0\leqslant x\leqslant 2)\\ 1 & (x>2)\end{cases}$.

5.设随机变量 X 的分布函数为

$$F(x)=\begin{cases}0 & (x<0)\\ Ax^2 & (0\leqslant x\leqslant 1)\\ 1 & (x>1)\end{cases}$$

求:(1) 系数 A;(2) X 落在(0.2,0.5) 内的概率;(3) X 的密度函数.

解　(1) $A=1$;

(2) $P\{0.2<X<0.5\}=0.5^2-0.2^2=0.21$;

(3) $f(x)=\begin{cases}2x & (0\leqslant x\leqslant 1)\\ 0 & (\text{其他})\end{cases}$.

6.某交通台每隔 10 min 播报路况一次,如果某司机在任意一时刻收听到该台的可能性相等,试求他等候播报路况时间小于 3 min 的概率.

解　概率密度函数为

$$f(x)=\begin{cases}\dfrac{1}{10} & (0\leqslant x\leqslant 10)\\ 0 & (\text{其他})\end{cases}$$

$$P\{0\leqslant X\leqslant 3\}=\int_0^3\frac{1}{10}\mathrm{d}x=\frac{1}{10}x\Big|_0^3=0.3$$

7.设随机变量 X 的分布函数为 $F(x)=A+B\arctan x(-\infty<x<\infty)$.

求:(1) 系数 A 与 B;(2) X 落在(-1,1) 内的概率;(3) X 的分布密度.

解　(1) 由分布函数的性质

$$0=\lim_{x\to-\infty}F(x)=\lim_{x\to-\infty}(A+B\arctan x)=A-\frac{\pi}{2}B$$

$$1=\lim_{x\to+\infty}F(x)=\lim_{x\to+\infty}(A+B\arctan x)=A+\frac{\pi}{2}B$$

得

$$A=\frac{1}{2},\quad B=\frac{1}{\pi}$$

(2) $P\{-1<X<1\}=F(1)-F(-1)=\dfrac{1}{2}$;

(3) $f(x)=F'(x)=\dfrac{1}{\pi(1+x^2)}$.

8.设随机变量 X 的分布函数为

$$F(x)=\begin{cases}0 & (x<1)\\ \ln x & (1\leqslant x<\mathrm{e})\\ 1 & (x\geqslant \mathrm{e})\end{cases}$$

(1) 求 $P\{X<2\}$，$P\{0<X\leqslant 3\}$，$P\{2<X<\frac{5}{2}\}$；

(2) 求概率密度 $f(x)$.

解　(1) 对应任意指定的实数 a，只要随机变量 X 的分布函数在点 a 处连续，则 $P\{X=a\}=0$，故有

$$P\{X<2\}=P\{X\leqslant 2\}=F(2)=\ln 2$$

$$P\{0<X\leqslant 3\}=F(3)-F(0)=1-0=1$$

$$P\{2<X<\frac{5}{2}\}=P\{2<X\leqslant\frac{5}{2}\}=F\left(\frac{5}{2}\right)-F(2)=$$

$$\ln\frac{5}{2}-\ln 2=\ln\frac{5}{4}$$

(2) 由于在 $f(x)$ 的连续点处有 $\frac{\mathrm{d}}{\mathrm{d}x}F(x)=f(x)$，即有

$$f(x)=\begin{cases}\frac{1}{x} & (1<x<\mathrm{e})\\ 0 & (\text{其他})\end{cases}$$

9. 设 K 在 $(0,5)$ 上服从均匀分布，求 x 的方程 $4x^2+4Kx+K+2=0$ 有实根的概率.

解　二次方程 $4x^2+4Kx+K+2=0$ 有实根的充要条件是它的判别式

$$\Delta=(4K)^2-4\times 4(K+2)\geqslant 0$$

$$16(K+1)(K-2)\geqslant 0$$

解得 $K\geqslant 2$ 或 $K\leqslant -1$.

由假设 K 在区间 $(0,5)$ 上服从均匀分布，其概率密度为

$$f(x)=\begin{cases}\frac{1}{5} & (0<x<5)\\ 0 & (\text{其他})\end{cases}$$

故这个二次方程有实根的概率为

$$p=P\{(K\geqslant 2)\cup(K\leqslant -1)\}=P\{K\geqslant 2\}+P\{K\leqslant -1\}=$$

$$\int_2^{\infty}f_K(x)\mathrm{d}x+\int_{-\infty}^{-1}f_K(x)\mathrm{d}x=\int_2^5\frac{1}{5}\mathrm{d}x+\int_{-\infty}^{-1}0\mathrm{d}x=\frac{3}{5}$$

10. 以 X 表示某商店从早晨开始营业起直到第一个顾客到达的等待时间(单位：min)，X 的分布函数是 $F(x)=\begin{cases}1-\mathrm{e}^{-0.4x} & (x>0)\\ 0 & (x\leqslant 0)\end{cases}$. 求下述概率：(1)$P\{$至多 3 min$\}$；(2)$P\{$至少 4 min$\}$；(3)$P\{$3 min 至 4 min 之间$\}$；(4)$P\{$至多 3 min 或至少 4 min$\}$；(5)$P\{$恰好 2.5 min$\}$.

解　(1)$P\{$至多 3 min$\}=P\{X\leqslant 3\}=F(3)=1-\mathrm{e}^{-1.2}$；

(2)$P\{$至少 4 min$\}=P\{X\geqslant 4\}=1-P\{X<4\}=1-P\{X\leqslant 4\}=1-F(4)=\mathrm{e}^{-1.6}$；

(因为 $F(x)$ 是指数分布随机变量 X 的分布函数，X 是连续型的随机变量)

$$P\{X=4\}=0,\quad P\{X<4\}=P\{X\leqslant 4\}$$

(3)$P\{3\ \text{min}至4\ \text{min}之间\}=P\{3\leqslant X\leqslant 4\}=P\{3<X\leqslant 4\}=F(4)-F(3)=e^{-1.2}-e^{-1.6}$;

(4)$P\{至多\ 3\ \text{min}\ 或至少\ 4\ \text{min}\}=P\{(X\leqslant 3)\cup(X\geqslant 4)\}=P\{X\leqslant 3\}+P\{X\geqslant 4\}=1-e^{-1.2}+e^{-1.6}$;

(5)$P\{恰好\ 2.5\ \text{min}\}=P\{X=2.5\}=0$.

11. 某种型号器件的寿命 X(单位:h) 具有概率密度:

$$f(x)=\begin{cases}\dfrac{1\ 000}{x^2} & (x>1\ 000)\\ 0 & (其他)\end{cases}$$

现有一大批此种器件(设各器件损坏与否相互独立),任取 5 个,问其中至少有 2 个寿命大于 1 500 h 的概率是多少?

解　任取一个该种器件,其寿命大于 1 500 h 的概率为

$$p=\int_{1\ 500}^{\infty}\frac{1\ 000}{x^2}\mathrm{d}x=-\frac{1\ 000}{x}\bigg|_{1\ 500}^{\infty}=\frac{2}{3}$$

任取 5 个这种器件,其中寿命大于 1 500 h 的个数记作 X,则 $X\sim B(5,\dfrac{2}{3})$,故所求概率为

$$P\{X\geqslant 2\}=1-P\{X=0\}-P\{X=1\}=$$
$$1-(1-\frac{2}{3})^5-C_5^1\,\frac{2}{3}(1-\frac{2}{3})^4=\frac{232}{243}$$

习题 2.4 解答

1. 设 $X\sim N(0,1)$,求:

(1)$P\{X<0.3\}$;(2)$P\{X\geqslant 1.2\}$;(3)$P\{X<-0.5\}$;(4)$P\{1.1<X<1.2\}$.

解　直接查表得

(1)0.617 9;(2)0.115 1;(3)0.308 5;(4)0.020 6.

2. 设 $X\sim N(2,3^2)$,求:

(1)$P\{X<2.5\}$;(2)$P\{X<-2.5\}$;(3)$P\{X>3.4\}$;(4)$P\{-2.1\leqslant X\leqslant 2.4\}$.

解　做标准变换 $X\sim N(2,3^2)$,则 $\dfrac{X-2}{3}\sim N(0,1)$,因此

(1)$P\{X<2.5\}=P\left\{\dfrac{X-2}{3}<\dfrac{2.5-2}{3}\right\}=\Phi(0.167)=0.567\ 5$;

(2)$P\{X<-2.5\}=P\left\{\dfrac{X-2}{3}<\dfrac{-2.5-2}{3}\right\}=\Phi(-1.5)=1-\Phi(1.5)=0.066\ 8$;

(3)$P\{X>3.4\}=P\left\{\dfrac{X-2}{3}>\dfrac{3.4-2}{3}\right\}=1-\Phi(0.467)=0.319\ 2$;

(4)$P\{-2.1<X<2.4\}=P\left\{\dfrac{-2.1-2}{3}<\dfrac{X-2}{3}<\dfrac{2.4-2}{3}\right\}=$

$$\Phi(0.133)-\Phi(-1.367)=$$
$$\Phi(0.133)+\Phi(1.367)-1=0.4664.$$

3. 设 $X\sim N(3,2^2)$，求：

(1) $P\{2<X\leqslant 5\}$，$P\{-4<X\leqslant 10\}$，$P\{|X|>2\}$，$P\{X>3\}$；

(2) 确定 c，使得 $P\{X>c\}=P\{X\leqslant c\}$；

(3) 设 d 满足 $P\{X>d\}\geqslant 0.9$，问 d 至多为多少？

解 (1) 因为 $X\sim N(3,2^2)$，故有

$$P\{a<X\leqslant b\}=P\left\{\frac{a-3}{2}<\frac{X-3}{2}\leqslant\frac{b-3}{2}\right\}=\Phi\left(\frac{b-3}{2}\right)-\Phi\left(\frac{a-3}{2}\right)$$

$$P\{2<X\leqslant 5\}=\Phi\left(\frac{5-3}{2}\right)-\Phi\left(\frac{2-3}{2}\right)=\Phi(1)-\Phi(-0.5)=$$
$$\Phi(1)-(1-\Phi(0.5))=0.8413-1+0.6915=0.5328$$

$$P\{-4<X\leqslant 10\}=\Phi\left(\frac{10-3}{2}\right)-\Phi\left(\frac{-4-3}{2}\right)=$$
$$\Phi(3.5)-\Phi(-3.5)=2\Phi(3.5)-1=$$
$$2\times 0.9998-1=0.9996$$

$$P\{|X|>2\}=1-P\{|X|\leqslant 2\}=1-P\{-2\leqslant X\leqslant 2\}=$$
$$1-\left[\Phi\left(\frac{2-3}{2}\right)-\Phi\left(\frac{-2-3}{2}\right)\right]=$$
$$1-\Phi(-0.5)+\Phi(-2.5)=$$
$$\Phi(0.5)+1-\Phi(2.5)=$$
$$0.6915+1-0.9938=0.6977$$

$$P\{X>3\}=1-P\{X\leqslant 3\}=1-\Phi\left(\frac{3-3}{2}\right)=$$
$$1-\Phi(0)=1-0.5=0.5$$

(2) 由 $P\{X>c\}=P\{X\leqslant c\}$，得 $1-P\{X\leqslant c\}=P\{X\leqslant c\}$，得 $P\{X\leqslant c\}=\frac{1}{2}$.

即有 $\Phi\left(\frac{c-3}{2}\right)=\frac{1}{2}=\Phi(0)$，于是 $\frac{c-3}{2}=0$，$c=3$.

(3) $P\{X>d\}\geqslant 0.9$，即

$$1-\Phi\left(\frac{d-3}{2}\right)\geqslant 0.9$$

$$\Phi\left(-\frac{d-3}{2}\right)\geqslant 0.9=\Phi(1.282)$$

因分布函数 $\Phi(x)$ 是一个不减函数，故有

$$-\frac{d-3}{2}\geqslant 1.282$$

因此
$$d\leqslant 3+2\times(-1.282)=0.436$$

4. 某机器生产的螺栓长度(mm)服从参数 $\mu=100.5$，$\sigma^2=0.6^2$ 的正态分布，规定长度范围在 100.5 ± 1.2 内为合格品，求该机器生产的螺栓的合格率.

解　$X\sim N(100.5,0.6^2)$

$$P\{100.5-1.2<X<100.5+1.2\}=$$
$$P\left\{\frac{100.5-1.2}{0.6}<\frac{X-100.5}{0.6}<\frac{100.5+1.2}{0.6}\right\}=$$
$$\Phi(2)-\Phi(-2)=\Phi(2)-(1-\Phi(2))=2\Phi(2)-1=0.954\ 4$$

5. 某产品的质量指标 $X\sim N(160,\sigma^2)$，若要求 $P\{120<X<200\}\geqslant0.80$，问允许 σ 最大为多少?

解　$$P\{120<X<200\}=P\left\{\frac{120-160}{\sigma}<\frac{X-160}{\sigma}<\frac{200-160}{\sigma}\right\}=$$
$$\Phi\left(\frac{40}{\sigma}\right)-\Phi\left(-\frac{40}{\sigma}\right)=\Phi\left(\frac{40}{\sigma}\right)-\left(1-\Phi\left(\frac{40}{\sigma}\right)\right)=$$
$$2\Phi\left(\frac{40}{\sigma}\right)-1\geqslant0.8$$

查表解得 $\sigma=31.25$.

6. 测量某一目标的距离时，测量误差 X(cm) 服从正态分布 $N(50,100^2)$，

求:(1) 测量误差的绝对值不超过 150 cm 的概率;

(2) 在三次测量中，至少有一次误差的绝对值不超过 150 cm 的概率.

解　(1)$$P\{|X|\leqslant150\}=P\{-150\leqslant X\leqslant150\}=$$
$$P\left\{\frac{-150-50}{100}<\frac{X-50}{100}<\frac{150-50}{100}\right\}=$$
$$\Phi(1)-\Phi(-2)=\Phi(1)-(1-\Phi(2))=0.818\ 5;$$

(2) 三次测量的误差的绝对值是否超过 150 cm 这一试验结果服从 $B(3,0.818\ 5)$，至少有一次发生的概率为 $p=1-(1-0.818\ 5)^3=0.994\ 0$.

7. 公共汽车车门的高度是按男子与车门碰头的机会在 0.01 以下来设计的，设男子的身高 $X\sim N(168,7^2)$，问车门的高度应如何确定?

解　$P\{X\geqslant h\}\leqslant0.01$ 或 $P\{X<h\}\geqslant0.99$，标准变换

$$P\left\{\frac{X-168}{7}\geqslant\frac{h-168}{7}\right\}\leqslant0.01\text{ 或 }P\left\{\frac{X-168}{7}<\frac{h-168}{7}\right\}\geqslant0.99$$

求得 $h=184.31$(查表 $\Phi(2.33)=0.990\ 1$)

8. 某地区 18 岁的女青年的血压(收缩压以 mmHg 计，1 mmHg=133.322 4 Pa)，服从 $N(110,12^2)$ 分布，在该地区任选一 18 岁的女青年，测量她的血压 X，求:

(1)$P\{X\leqslant105\}$，$P\{100<X\leqslant120\}$;

(2) 确定最小的 x，使 $P\{X>x\}\leqslant0.05$.

解　(1) 因为 $X\sim N(110,12^2)$，故有

$$P\{X\leqslant105\}=\Phi\left(\frac{105-110}{12}\right)=\Phi\left(\frac{-5}{12}\right)=$$

$$1-\Phi(0.417)=1-0.6617=0.3383$$

$$P\{100<x\leqslant 120\}=\Phi\left(\frac{120-110}{12}\right)-\Phi\left(\frac{100-110}{12}\right)=$$

$$2\Phi\left(\frac{10}{12}\right)-1=2\Phi(0.833)-1=$$

$$2\times 0.7976-1=0.5952$$

(2) 要求 $P\{X>x\}\leqslant 0.05$,因为 $P\{X>x\}=1-P\{X\leqslant x\}=1-\Phi\left(\frac{x-110}{12}\right)$,即要求

$$1-\Phi\left(\frac{x-110}{12}\right)\leqslant 0.05$$

即需 $\Phi\left(\frac{x-110}{12}\right)\geqslant 0.95=\Phi(1.645)$.

由此得$\frac{x-110}{12}\geqslant 1.645$,得 $x\geqslant 129.74$.

故 x 的最小值为 129.74.

9. 设在一电路中,电阻两端的电压(V) 服从 $N(120,2^2)$,今独立测量了 5 次,试确定有 2 次测定值落在区间[118,122] 之外的概率.

解 设第 i 次测定值为 $X_i(i=1,2,3,4,5)$,则 $X_i\sim N(120,4)$.

$$P\{118\leqslant X_i\leqslant 122\}=\Phi\left(\frac{122-120}{2}\right)-\Phi\left(\frac{118-120}{2}\right)=$$

$$\Phi(1)-\Phi(-1)=2\Phi(1)-1=0.6826$$

$$P\{X_i\notin[118,122]\}=1-P\{118\leqslant X\leqslant 122\}=0.3174\quad(i=1,2,3,4,5)$$

因诸 X_i 相互独立,故若以 Y 表示 5 次测量其测定值 X_i 落在[118,120] 之外的次数,$Y\sim B(5,0.3174)$,故所求概率为

$$P\{Y=2\}=C_5^2(0.3174)^2(0.6826)^3=0.3204$$

习题 2.5 解答

1. 设随机变量 X 的分布律为

X	-2	-1	0	1	3
p_k	$\frac{1}{5}$	$\frac{1}{6}$	$\frac{1}{5}$	$\frac{1}{15}$	$\frac{11}{30}$

求 $Y=X^2$ 的分布律.

解 $Y=X^2$ 的所有可能取值为 0,1,4,9.

$P\{Y=0\}=P\{X=0\}=\frac{1}{5}$;

$P\{Y=1\}=P\{X^2=1\}=P\{(X=1)\cup(X=-1)\}=P\{X=1\}+P\{X=-1\}=\frac{1}{15}+\frac{1}{6}=\frac{7}{30}$；

$P\{Y=4\}=P\{X^2=4\}=P\{(X=2)\cup(X=-2)\}=P\{X=2\}+P\{X=-2\}=0+\frac{1}{5}=\frac{1}{5}$；

$P\{Y=9\}=P\{X^2=9\}=P\{(X=3)\cup(X=-3)\}=P\{X=3\}+P\{X=-3\}=\frac{11}{30}+0=\frac{11}{30}$.

故 $Y=X^2$ 的分布律为

Y	0	1	4	9
p_k	$\frac{1}{5}$	$\frac{7}{30}$	$\frac{1}{5}$	$\frac{11}{30}$

2. 对球的直径进行测量，设其值均匀地分布在 $[a,b]$ 内，求体积的密度函数.

解　设球直径为 X，其密度函数为 $f(x)=\begin{cases}\frac{1}{b-a} & (a\leqslant x\leqslant b)\\ 0 & (\text{其他})\end{cases}$，所以球的体积 $V=\frac{\pi}{6}X^3$. 其反函数为 $X=\sqrt[3]{\frac{6V}{\pi}}$.

$$X'=\frac{1}{3}\left(\frac{6V}{\pi}\right)^{-\frac{2}{3}}\frac{6}{\pi}=\frac{2}{\pi}\left(\frac{6V}{\pi}\right)^{-\frac{2}{3}}$$

所以

$$f(V)=\begin{cases}0 & (\text{其他})\\ \frac{1}{3(b-a)}\left(\frac{6}{\pi}\right)^{\frac{1}{3}}V^{-\frac{2}{3}} & \left(V\in\left[\left(\frac{\pi}{6}\right)a^3,\left(\frac{\pi}{6}\right)b^3\right]\right)\end{cases}$$

3. 设随机变量 X 在区间 $(0,1)$ 上服从均匀分布.

(1) 求 $Y=\mathrm{e}^X$ 的概率密度；

(2) 求 $Y=-2\ln X$ 的概率密度.

解　X 的概率密度为

$$f(x)=\begin{cases}1 & (0<x<1)\\ 0 & (\text{其他})\end{cases}$$

分别记 X,Y 的分布函数为 $F_X(x),F_Y(y)$.

(1) 先来求 Y 的分布函数 $F_Y(y)$，因 $Y=\mathrm{e}^X>0$，故当 $y\leqslant 0$ 时，$F_Y(y)=P\{Y\leqslant y\}$，从而 $f_Y(y)=0$，当 $y>0$ 时

$$F_Y(y)=P\{Y\leqslant y\}=P\{\mathrm{e}^X\leqslant y\}=P\{X\leqslant \ln y\}=F_X(\ln y)$$

将上式关于 y 求导，得

$$f_Y(y)=f_X(\ln y)\frac{1}{y}=\begin{cases}1\times\dfrac{1}{y} & (0<\ln y<1)\\ 0 & (\ln y<0\text{ 或 }\ln y>1)\end{cases}=\begin{cases}\dfrac{1}{y} & (1<y<\mathrm{e})\\ 0 & (0<y<1\text{ 或 }y>\mathrm{e})\end{cases}$$

故有

$$f_Y(y)=\begin{cases}\dfrac{1}{y} & (1<y<\mathrm{e})\\ 0 & (\text{其他})\end{cases}$$

(2) 先来求 $F_Y(y)$，当 X 在(0,1) 取值时 $Y>0$，故当 $y\leqslant 0$ 时，$F_Y(y)=0$，从而 $f_Y(y)=0$，当 $y>0$ 时

$$F_Y(y)=P\{Y\leqslant y\}=P\{-2\ln X\leqslant y\}=P\{X\geqslant \mathrm{e}^{-\frac{y}{2}}\}=$$
$$1-P\{X<\mathrm{e}^{-\frac{y}{2}}\}=1-F_X(\mathrm{e}^{-\frac{y}{2}})$$

于是

$$f_Y(y)=-f_X(\mathrm{e}^{-\frac{y}{2}})(-\frac{1}{2}\mathrm{e}^{-\frac{y}{2}})=\begin{cases}\dfrac{1}{2}\mathrm{e}^{-\frac{y}{2}} & (y>0)\\ 0 & (\text{其他})\end{cases}$$

本题也可以利用教材的结果直接解得：

(1)$Y=\mathrm{e}^X$，即有 $y=g(x)=\mathrm{e}^x$，在区间(0,1) 上恒有 $g'(x)=\mathrm{e}^x>0$. 因此 $g(x)$ 严格单调增加，且 $g(x)$ 具有反函数 $x=h(y)=\ln y$，又 $h'(y)=\dfrac{1}{y}$，$g(0)=1$，$g(1)=\mathrm{e}$，得 $Y=\mathrm{e}^X$ 的概率密度为

$$f_Y(y)=\begin{cases}f_X(\ln y)\left|\dfrac{1}{y}\right| & (1<y<\mathrm{e})\\ 0 & (\text{其他})\end{cases}=\begin{cases}\dfrac{1}{y} & (1<y<\mathrm{e})\\ 0 & (\text{其他})\end{cases}$$

(2)$Y=-2\ln X$，即有 $y=g(x)=-2\ln x$，在区间(0,1) 上恒有 $g'(x)=-\dfrac{2}{x}<0$，且 $g(x)$ 具有反函数 $x=h(y)=\mathrm{e}^{-\frac{y}{2}}$，又 $h'(y)=-\dfrac{1}{2}\mathrm{e}^{-\frac{y}{2}}$，$g(0)=\infty$，$g(1)=0$，得 $Y=-2\ln X$ 的概率密度为

$$f_Y(y)=\begin{cases}f_X(\mathrm{e}^{-\frac{y}{2}})\left|-\dfrac{1}{2}\mathrm{e}^{-\frac{y}{2}}\right| & (0<y<\infty)\\ 0 & (\text{其他})\end{cases}$$

即

$$f_Y(y)=\begin{cases}\dfrac{1}{2}\mathrm{e}^{-\frac{y}{2}} & (y>0)\\ 0 & (\text{其他})\end{cases}$$

4. 设随机变量 X 服从参数为 2 的指数分布，其密度函数

$$f_X(x)=\begin{cases}2\mathrm{e}^{-2x} & (x>0)\\ 0 & (x\leqslant 0)\end{cases}$$

证明：$Y=1-e^{-2X}$ 在区间 $(0,1)$ 上服从均匀分布.

证明　提示：参数为 2 的指数函数的密度函数为

$$f_X(x)=\begin{cases}2e^{-2x} & (x>0)\\ 0 & (x\leqslant 0)\end{cases}$$

利用 $Y=1-e^{-2x}$ 的反函数 $x=-\dfrac{1}{2}\ln(1-y)$ 即可证得.

5. 设随机变量 X 的概率密度为

$$f_X(x)=\begin{cases}\dfrac{2x}{\pi^2} & (0<x<\pi)\\ 0 & (\text{其他})\end{cases}$$

求 $Y=\sin X$ 的概率密度.

解　X 在 $(0,\pi)$ 取值时 $Y=\sin X$ 在 $(0,1)$ 取值，故若 $y<0$ 或 $y>1$ 时 $f_Y(y)=0$，若 $0\leqslant y\leqslant 1$，Y 的分布函数为

$$\begin{aligned}F_Y(y)=&P\{Y\leqslant y\}=P\{0\leqslant Y\leqslant y\}=P\{0\leqslant \sin X\leqslant y\}=\\ &P\{(0\leqslant X\leqslant \arcsin y)\cup(\pi-\arcsin y\leqslant X\leqslant \pi)\}=\\ &P\{0\leqslant X\leqslant \arcsin y\}+P\{\pi-\arcsin y\leqslant X\leqslant \pi\}=\\ &\int_0^{\arcsin y}\frac{2x}{\pi^2}dx+\int_{\pi-\arcsin y}^{\pi}\frac{2x}{\pi^2}dx=\\ &\frac{1}{\pi^2}(\arcsin y)^2+1-\frac{1}{\pi^2}(\pi-\arcsin y)^2=\frac{2}{\pi}\arcsin y\end{aligned}$$

所以当 $0<y<1$ 时，

$$f_Y(y)=\frac{d}{dy}F_Y(y)=\frac{2}{\pi\sqrt{1-y^2}}$$

因此，所求的概率密度为

$$f_Y(y)=\begin{cases}\dfrac{2}{\pi\sqrt{1-y^2}} & (0<y<1)\\ 0 & (\text{其他})\end{cases}$$

2.4　单元测试

一、填空题

1. 设随机变量 X 在 $[2,5]$ 上服从均匀分布，则 $P\{3\leqslant X\leqslant 4\}=$________.

2. 设随机变量 X 服从泊松分布，若 $P\{X=1\}=P\{X=2\}$，则 $P\{X=4\}=$________.

3. 已知一网站在 1 h 内平均收到 180 个 E-mail，则在操作员离开的 30 s 内，一个 E-mail 也没有收到的概率是________.

4. 设随机变量 X 服从 $n=3$，$p=0.4$ 的二项分布，$Y=X^2$，则 $P\{Y=4\}=$________.

5. 设随机变量 ζ 的密度函数 $f(x)=Ae^{-|x|}$ $(-\infty<x<+\infty)$，则常数 $A=$________.

6. 设离散型随机变量 X 的分布律为 $P\{X=k\}=5A\left(\frac{1}{2}\right)^k (k=1,2,\cdots)$，则 $A=$ ________.

7. 已知随机变量 X 的密度函数为 $f(x)=\begin{cases} ax+b & (0<x<1) \\ 0 & (\text{其他}) \end{cases}$，且 $P\left\{x>\frac{1}{2}\right\}=\frac{5}{8}$，则 $a=$ ________，$b=$ ________.

8. 设 $X\sim N(2,\sigma^2)$，且 $P\{2<x<4\}=0.3$，则 $P\{x<0\}=$ ________.

9. 一射手对同一目标独立地进行四次射击，若至少命中一次的概率为 $\frac{80}{81}$，则该射手的命中率为________.

10. 若随机变量 X 在 $(1,6)$ 上服从均匀分布，则方程 $x^2+Xx+1=0$ 有实根的概率是________.

二、选择题

1. 随机变量 X 的分布函数 $F(x)=P\{X\leqslant x\}$ 具有性质（　　）.

A. 左连续　　B. 不增　　C. 右连续　　D. 连续

2. 设 $f(x)$ 为连续型随机变量 X 的密度函数，则有（　　）.

A. $0\leqslant f(x)\leqslant 1$　　B. $F(X=x)=f(x)$

C. $f(x)\geqslant 0$　　D. $\int_0^{+\infty} f(x)\mathrm{d}x=1$

3. 设 $F(x)$ 为随机变量 X 的分布函数，若 $P\{a\leqslant X\leqslant b\}=F(b)-F(a)$，则 X 是（　　）.

A. 连续型　　B. 离散型　　C. 非连续型　　D. 个别离散型

4. 设随机变量 X 的分布函数 $F(x)=\begin{cases} 0 & (x<0) \\ 1-\mathrm{e}^{-x} & (x\geqslant 0) \end{cases}$，则 $P\{X>3\}=$（　　）.

A. $1-\mathrm{e}^{-3}$　　B. $-\mathrm{e}^{-3}$　　C. 0　　D. e^{-3}

5. 设离散型随机变量的概率分布为 $P\{X=0\}=0.3$，$P\{X=1\}=0.5$，$P\{X=2\}=0.2$，其分布函数为 $F(x)$，则 $F(3)=$（　　）.

A. 0　　B. 0.3　　C. 0.8　　D. 1

6. 设 X 的密度函数为 $f(x)$，分布函数为 $F(x)$，且 $f(x)=f(-x)$，那么对任意给定的 a 都有（　　）.

A. $f(-a)=1-\int_0^a f(x)\mathrm{d}x$　　B. $F(-a)=\frac{1}{2}-\int_0^a f(x)\mathrm{d}x$

C. $F(a)=F(-a)$　　D. $F(-a)=2F(a)-1$

7. 下列函数中，可作为某一随机变量分布函数的是（　　）.

A. $F(x)=1+\frac{1}{x^2}$

B. $F(x)=\frac{1}{2}+\frac{1}{\pi}\arctan x$

C. $F(x)=\begin{cases}\frac{1}{2}(1-e^{-x}) & (x>0)\\ 0 & (x\leqslant 0)\end{cases}$

D. $F(x)=\int_{-\infty}^{x}f(t)dt$,其中$\int_{-\infty}^{+\infty}f(t)dt=1$

8. 设随机变量 X 的分布函数为 $F(x)$,密度函数为 $f(x)$. 若 X 与 $-X$ 有相同的分布函数,则下列各式中正确的是(　　).

A. $F(x)=F(-x)$　　B. $F(x)=-F(-x)$

C. $f(x)=f(-x)$　　D. $f(x)=-f(-x)$

9. 已知随机变量 X 的密度函数 $f(x)=\begin{cases}Ae^{-x} & (x\geqslant\lambda)\\ 0 & (x<\lambda)\end{cases}$ $(\lambda>0, A$ 为常数),则概率 $P\{\lambda<X<\lambda+a\}\ (a>0)$ 的值(　　).

A. 与 a 无关,随 λ 的增大而增大

B. 与 a 无关,随 λ 的增大而减小

C. 与 λ 无关,随 a 的增大而增大

D. 与 λ 无关,随 a 的增大而减小

2.5　单元测试答案

一、填空题

1. $\frac{1}{3}$　2. 0.09　3. 0.223　4. 0.288　5. $\frac{1}{2}$　6. $\frac{1}{5}$　7. 1　$\frac{1}{2}$　8. 0.2　9. $\frac{2}{3}$　10. $\frac{4}{5}$

二、选择题

1. C　2. C　3. A　4. D　5. D　6. B　7. B　8. C　9. C

第3章 二维随机变量及其分布

3.1 内容提要

1. 二维随机变量的分布函数

定义1 设(X,Y)为二维随机变量，x,y为任意实数，则二元函数

$$F(x,y)=P\{X\leqslant x,Y\leqslant y\}$$

称为(X,Y)的分布函数或称为X和Y的联合分布函数.

2. 二维离散型随机变量

定义2 若二维随机变量(X,Y)的所有可能取值是有限多或可列无限多对，则称(X,Y)为二维离散型随机变量.

设(X,Y)为二维离散型随机变量，其所有可能的值为(x_i,y_j) $(i,j=1,2,\cdots)$，则事件$\{X=x_i,Y=y_j\}$的概率

$$P\{X=x_i,Y=y_j\}=p_{ij}\quad(i=1,2,\cdots;j=1,2,\cdots)$$

称为二维离散型随机变量(X,Y)的分布律(或联合分布律).

3. 二维连续型随机变量

定义3 设二维随机变量(X,Y)，若存在非负函数$f(x,y)$，使得对任意实数x,y总有

$$P\{X\leqslant x,Y\leqslant y\}=\int_{-\infty}^{x}\int_{-\infty}^{y}f(x,y)\mathrm{d}x\mathrm{d}y$$

则称(X,Y)为二维连续型随机变量，函数$f(x,y)$称为二维随机变量(X,Y)的联合分布密度，简称为(X,Y)的联合密度.

4. 二维均匀分布与正态分布

(1) 二维均匀分布

设G是平面上的有界区域，其面积为$S(G)$，若二维随机变量(X,Y)具有概率密度

$$f(x,y)=\begin{cases}\dfrac{1}{S(G)} & ((x,y)\in G)\\ 0 & (\text{其他})\end{cases}$$

则称(X,Y)在G上服从均匀分布.

(2) 二维正态分布

定义4　如果二维随机变量(X,Y)的联合密度为

$$f(x,y)=\frac{1}{2\pi\sigma_1\sigma_2\sqrt{1-\rho^2}}e^{-\frac{1}{2(1-\rho^2)}\left[\left(\frac{x-\mu_1}{\sigma_1}\right)^2-\frac{2\rho(x-\mu_1)(y-\mu_2)}{\sigma_1\sigma_2}+\left(\frac{y-\mu_2}{\sigma_2}\right)^2\right]}\quad(-\infty<x,y<+\infty)$$

其中,$\mu_1,\mu_2,\sigma_1>0,\sigma_2>0,|\rho|<1$是五个参数,则称$(X,Y)$服从二维正态分布或$(X,Y)$是二维正态变量,$f(x,y)$称为二维正态联合密度.

5. **边缘分布**

定义5　设(X,Y)是二维随机变量,则称分量X的概率分布为(X,Y)关于X的边缘分布,记作$F_X(x)$.称分量Y的概率分布为(X,Y)关于Y的边缘分布,记作$F_Y(y)$.

6. **随机变量的独立性**

定义6　若二维随机变量(X,Y)对任意的实数x,y均有

$$P\{X\leqslant x,Y\leqslant y\}=P\{X\leqslant x\}P\{Y\leqslant y\}$$

成立,称X与Y是相互独立的.

设随机变量(X,Y)的分布函数和边缘分布函数分别为$F(x,y)$,$F_X(x)$和$F_Y(y)$,则X与Y相互独立等价于对任意实数x,y有

$$F(x,y)=F_X(x)F_Y(y)$$

若(X,Y)是离散型随机变量,则X与Y相互独立的充分必要条件是

$$P\{X=x_i,Y=y_j\}=P\{X=x_i\}P\{Y=y_j\}\quad(i,j=1,2,\cdots)$$

即

$$p_{ij}=p_{i\cdot}p_{\cdot j}\quad(i,j=1,2,\cdots)$$

若(X,Y)是连续型随机变量,则X与Y相互独立的充分必要条件是

$$f(x,y)=f_X(x)f_Y(y)$$

几乎处处成立,即在平面上除去"面积"为零的集合之外处处成立.

7. **条件分布**

(1) 二维离散型随机变量的条件分布

我们考虑在事件$\{Y=y_j\}$发生的条件下事件$\{X=x_i\}$发生的概率,由条件概率公式可得

$$P\{X=x_i|Y=y_j\}=\frac{P\{X=x_i,Y=y_j\}}{P\{Y=y_j\}}=\frac{p_{ij}}{p_{\cdot j}}\quad(i=1,2,\cdots)$$

(2) 二维连续型随机变量的条件分布

设(X,Y)是二维连续型随机变量,因为对任意的x,y,有$P\{X=x\}=0,P\{Y=y\}=0$,所以不能直接用条件概率公式得到条件分布函数.下面我们用极限的方法导出条件分布函数,进而获得条件概率密度函数.

定义7　给定y,设对任意$\Delta y>0$,有$P\{y-\Delta y<Y\leqslant y+\Delta y\}>0$,如果对任意实数$x$,极限

$$\lim_{\Delta y\to 0^+} P\{X\leqslant x\,|\,y-\Delta y<Y\leqslant y+\Delta y\}=\lim_{\Delta y\to 0^+}\frac{P\{X\leqslant x,y-\Delta y<Y\leqslant y+\Delta y\}}{P\{y-\Delta y<Y\leqslant y+\Delta y\}}$$

存在,则称此极限为在条件 $Y=y$ 下 X 的条件分布函数,记作 $F_{X|Y}(x\mid y)$.

8. **和的分布**

(1) 二维离散型随机变量函数的分布

定义 8 设离散型随机变量 (X,Y) 的分布为

$$P\{X=x_i,Y=y_j\}=p_{ij}\quad (i,j=1,2,\cdots)$$

设 $Z=g(x,y)$ 为二元函数,现在求 $Z=g(X,Y)$ 的分布律. 当 $X=x_i,Y=y_j$ 时,Z 相应的值为 $Z=g(x_i,y_j)$,且有

$$P\{Z=z_{ij}\}=g\{X=x_i,Y=y_j\}=p_{ij}\quad (i,j=1,2,\cdots)$$

如果 Z 的取值互不相同,则上式即为 $Z=g(X,Y)$ 的分布律;如果 Z 的取值有些是相同的值,这时须将取相同 Z 值对应的概率求和,即得 Z 的分布律.

(2) 二维连续型随机变量函数的分布

$Z=X+Y$ 的分布.

设随机变量 (X,Y) 的概率密度为 $f(x,y)$,则 $Z=X+Y$ 的分布函数为

$$F_Z(z)=P\{Z\leqslant z\}=P\{X+Y\leqslant z\}=$$

$$\iint\limits_{x+y\leqslant z} f(x,y)\mathrm{d}x\mathrm{d}y=\int_{-\infty}^{+\infty}\left[\int_{-\infty}^{z-y} f(x,y)\mathrm{d}x\right]\mathrm{d}y$$

其中,积分区域 $x+y\leqslant z$,则 Z 的概率密度为

$$f_Z(z)=\frac{\mathrm{d}}{\mathrm{d}z}F_Z(z)=\int_{-\infty}^{+\infty} f(z-y,y)\mathrm{d}y$$

由 X 与 Y 的对称性,又可得

$$f_Z(z)=\int_{-\infty}^{+\infty} f(x,z-x)\mathrm{d}x$$

特别地,当 X 与 Y 相互独立时,有

$$f_Z(z)=\int_{-\infty}^{+\infty} f_X(z-y)f_Y(y)\mathrm{d}y=\int_{-\infty}^{+\infty} f_X(x)f_Y(z-x)\mathrm{d}x$$

上式称为 f_X 与 f_Y 的卷积公式,记作 $f_X * f_Y$.

9. **平方和的分布**

定义 9 设随机变量 (X,Y) 的概率密度为 $f(x,y)$,随机变量 $Z=X^2+Y^2$ 的分布函数为

$$F_Z(z)=P\{X^2+Y^2\leqslant z\}$$

当 $z\leqslant 0$ 时,$F_Z(z)=0$;

当 $z>0$ 时,$F_Z(z)=P\{X^2+Y^2\leqslant z\}=\iint\limits_{X^2+Y^2\leqslant z} f(x,y)\mathrm{d}x\mathrm{d}y.$

令

$x = r\cos\theta, y = r\sin\theta$,则 $F_Z(z) = \int_0^{2\pi}\left[\int_0^{\sqrt{z}} f(r\cos\theta, r\sin\theta) r\mathrm{d}r\right]\mathrm{d}\theta$

于是,当 $z > 0$ 时,Z 的概率密度为

$$f_Z(z) = F'_Z(z) = \frac{1}{2}\int_0^{2\pi} f(\sqrt{z}\cos\theta, \sqrt{z}\sin\theta)\mathrm{d}\theta$$

故

$$f_Z(z) = \begin{cases} \dfrac{1}{2}\displaystyle\int_0^{2\pi} f(\sqrt{z}\cos\theta, \sqrt{z}\sin\theta)\mathrm{d}\theta & (z > 0) \\ 0 & (z \leqslant 0) \end{cases}$$

若 X 和 Y 相互独立,则

$$f_Z(z) = \begin{cases} \dfrac{1}{2}\displaystyle\int_0^{2\pi} f_X(\sqrt{z}\cos\theta) f_Y(\sqrt{z}\sin\theta)\mathrm{d}\theta & (z > 0) \\ 0 & (z \leqslant 0) \end{cases}$$

其中,$f_X(x)$ 和 $f_Y(y)$ 分别是随机变量 X 和 Y 的概率密度函数.

3.2　典型题精解

例 1　设二维随机变量(X,Y)的联合概率分布为

$X \backslash Y$	0	1	2	3
0	$\frac{10}{50}$	$\frac{6}{50}$	$\frac{4}{50}$	$\frac{1}{50}$
1	$\frac{9}{50}$	$\frac{10}{50}$	$\frac{3}{50}$	0
2	$\frac{5}{50}$	$\frac{2}{50}$	0	0

求概率 $P\{|x-y|=1\}$ 及随机变量 X 与 Y 的边缘概率函数.

解　$P\{|x-y|=1\} = \sum_{|x_i - y_j|}\sum_{=1} P(x_i, y_j) =$

$P(0,1) + P(1,0) + P(1,2) + P(2,1) + P(2,3) =$

$\frac{6}{50} + \frac{9}{50} + \frac{3}{50} + \frac{2}{50} + 0 = \frac{2}{5}$

按公式得 X 与 Y 的边缘概率函数如下:

$X \backslash Y$	0	1	2	3	$p_{i\cdot}$
0	$\frac{10}{50}$	$\frac{6}{50}$	$\frac{4}{50}$	$\frac{1}{50}$	$\frac{21}{50}$
1	$\frac{9}{50}$	$\frac{10}{50}$	$\frac{3}{50}$	0	$\frac{22}{50}$
2	$\frac{5}{50}$	$\frac{2}{50}$	0	0	$\frac{7}{50}$
$p_{\cdot j}$	$\frac{24}{50}$	$\frac{18}{50}$	$\frac{7}{50}$	$\frac{1}{50}$	1

例 2 设二维连续型随机变量(X,Y)的联合概率密度函数为

$$f(x,y)=\begin{cases}Axye^{-(x+y)} & (x\geqslant 0,y\geqslant 0)\\ 0 & (\text{其他})\end{cases}$$

求:(1) 系数 A;(2) 概率 $P\{X\geqslant 2Y\}$;(3) 边缘概率密度 $f_X(x)$, $f_Y(y)$.

解 (1) 由$\int_{-\infty}^{+\infty}\int_{-\infty}^{+\infty}f(x,y)\mathrm{d}x\mathrm{d}y=1$,有$\int_{0}^{+\infty}\int_{0}^{+\infty}Axye^{-(x+y)}\mathrm{d}x\mathrm{d}y=1$

即

$$A\int_{0}^{+\infty}xe^{-x}\mathrm{d}x\int_{0}^{+\infty}ye^{-y}\mathrm{d}y=1$$

解出 $A=1$;

(2) $P\{X\geqslant 2Y\}=\iint\limits_{R}f(x,y)\mathrm{d}x\mathrm{d}y=\int_{0}^{+\infty}\mathrm{d}x\int_{0}^{\frac{x}{2}}f(x,y)\mathrm{d}y=\int_{0}^{+\infty}xe^{-x}\mathrm{d}x\int_{0}^{\frac{x}{2}}ye^{-y}\mathrm{d}y=\frac{7}{27}$;

(3) $$f_X(x)=\int_{0}^{+\infty}xye^{-(x+y)}\mathrm{d}y=xe^{-x}\int_{0}^{+\infty}ye^{-y}\mathrm{d}y=xe^{-x}\quad(x>0)$$

同理 $f_Y(y)=ye^{-y}(y>0)$.

例 3 设离散型随机变量 X 的概率分布为

X	-2	-1	0	1	2
$P\{X=x_i\}$	$\frac{1}{5}$	$\frac{1}{6}$	$\frac{1}{5}$	$\frac{1}{15}$	$\frac{11}{30}$

求随机变量 $Y=X^2$ 的概率分布.

解 Y 可能的取值为 4,1,0. 注意到

$$P\{Y=4\}=P\{X=-2\}+P\{X=2\}$$
$$P\{Y=1\}=P\{X=-1\}+P\{X=1\}$$
$$P\{Y=0\}=P\{X=0\}$$

故 Y 的概率分布为

Y	0	1	4
$P\{Y=y_j\}$	$\frac{1}{5}$	$\frac{7}{30}$	$\frac{17}{30}$

例 4　设连续型随机变量 X 的概率密度函数为

$$f_X(x)=\begin{cases}6x(1-x) & (0<x<1)\\ 0 & (\text{其他})\end{cases}$$

求 $Y=2X+1$ 的概率密度函数.

解　先求其分布函数,由

$$F_Y(y)=P\{Y\leqslant y\}=P\{2X+1\leqslant y\}=P\{X\leqslant \frac{y-1}{2}\}=$$

$$\int_0^{\frac{y-1}{2}} f_X(x)\mathrm{d}x\ (\ 0<\frac{y-1}{2}<1)=$$

$$\int_0^{\frac{y-1}{2}} 6x(1-x)\mathrm{d}x\quad (1<y<3)$$

两边对 y 求导,有

$$f_Y(y)=\frac{3}{4}(y-1)(3-y)\quad (1<y<3)$$

故

$$f_Y(y)=\begin{cases}\frac{3}{4}(y-1)(3-y) & (1<y<3)\\ 0 & (\text{其他})\end{cases}$$

例 5　设随机变量 X 与 Y 相互独立,其概率密度分别为

$$f_X(x)=\begin{cases}3\mathrm{e}^{-3x} & (x>0)\\ 0 & (x\leqslant 0)\end{cases},\quad f_Y(y)=\begin{cases}4\mathrm{e}^{-4y} & (y>0)\\ 0 & (y\leqslant 0)\end{cases}$$

求:(1) $f(x,y)$,$F(x,y)$;(2) $P\{X<1,Y<1\}$;

(3) $P[(X,Y)\in R]$,$R=\{(x,y)\mid x>0,y>0,3x+4y<3\}$.

解　(1) 随机变量 X 与 Y 相互独立,故

$$f(x,y)=f_X(x)f_Y(y)=\begin{cases}12\mathrm{e}^{-3x-4y} & (x>0,y>0)\\ 0 & (\text{其他})\end{cases}$$

当 $x>0,y>0$ 时,有

$$F(x,y)=\int_0^x\int_0^y 12\mathrm{e}^{-3x-4y}\mathrm{d}x\mathrm{d}y=(1-\mathrm{e}^{-3x})(1-\mathrm{e}^{-4y})$$

其他情形,$F(x,y)=0$. 故

$$F(x,y)=\begin{cases}(1-\mathrm{e}^{-3x})(1-\mathrm{e}^{-4y}) & (x>0,y>0)\\ 0 & (\text{其他})\end{cases}$$

(2) 由于 X 与 Y 相互独立,故

$$P\{X<1,Y<1\}=P\{X<1\}P\{Y<1\}=$$

$$\int_0^1 3e^{-3x}dx\int_0^1 4e^{-4y}dy=(1-e^{-3})(1-e^{-4})\approx 0.9328$$

$$(3)P[(X,Y)\in R]=\iint_R f(x,y)dxdy=\int_0^1 dx\int_0^{\frac{3}{4}(1-x)}12e^{-3x-4y}dy=$$

$$\int_0^{\frac{3}{4}}(4e^{-4y}-4e^{-3})dy=1-4e^{-3}\approx 0.8009$$

3.3 同步习题解析

习题 3.1 解答

1. 在一箱子中装有 12 个开关，其中 2 个是次品，在其中取两次，每次任取一个，考虑两种试验：(1) 放回抽样；(2) 不放回抽样，我们定义随机变量 X,Y 如下：

$$X=\begin{cases}0 & \text{（第一次取出的是正品）}\\ 1 & \text{（第一次取出的是次品）}\end{cases}$$

$$Y=\begin{cases}0 & \text{（第二次取出的是正品）}\\ 1 & \text{（第二次取出的是次品）}\end{cases}$$

试分别就(1)，(2) 两种情况，写出 X 和 Y 的联合分布律.

解 (1) 对于放回抽样，第一次、第二次取到正品(或次品) 的概率相同，且两次所得的结果相互独立，即有

$$P\{X=0\}=P\{Y=0\}=\frac{5}{6}$$

$$P\{X=1\}=P\{Y=1\}=\frac{1}{6}$$

且 $P\{X=i,Y=j\}=P\{X=i\}P\{Y=j\}(i,j=0,1)$，于是得 X 和 Y 的联合分布律为

$$P\{X=0,Y=0\}=P\{X=0\}P\{Y=0\}=\frac{25}{36}$$

$$P\{X=0,Y=1\}=P\{X=0\}P\{Y=1\}=\frac{5}{36}$$

$$P\{X=1,Y=0\}=P\{X=1\}P\{Y=0\}=\frac{5}{36}$$

$$P\{X=1,Y=1\}=P\{X=1\}P\{Y=1\}=\frac{1}{36}$$

(2) 不放回抽样，由乘法公式

$P\{X=i,Y=j\}=P\{X=i\}P\{Y=j\mid X=i\}(i,j=0,1)$，知 X 和 Y 的联合分布律为

$$P\{X=0,Y=0\}=\frac{10}{12}\times\frac{9}{11}=\frac{45}{66}=\frac{15}{22}$$

$$P\{X=0,Y=1\}=\frac{10}{12}\times\frac{2}{11}=\frac{10}{66}=\frac{5}{33}$$

$$P\{X=1,Y=0\}=\frac{2}{12}\times\frac{10}{11}=\frac{10}{66}=\frac{5}{33}$$

$$P\{X=1,Y=1\}=\frac{2}{12}\times\frac{1}{11}=\frac{1}{66}$$

(1)、(2) 两种情况下的 X 和 Y 的联合分布律的表格形式分别为

Y \ X	0	1
0	$\frac{25}{36}$	$\frac{5}{36}$
1	$\frac{5}{36}$	$\frac{1}{36}$

Y \ X	0	1
0	$\frac{15}{22}$	$\frac{5}{33}$
1	$\frac{5}{33}$	$\frac{1}{66}$

2.(1) 盒子里装有3个黑球、2个红球、2个白球，在其中任取4个球，以 X 表示取到黑球的个数，以 Y 表示取到红球的个数，求 X 和 Y 的联合分布律；

(2) 在(1) 中求 $P\{X>Y\}$，$P\{Y=2X\}$，$P\{X+Y=3\}$，$P\{X<3-Y\}$.

解　(1) 按古典概型计算，自7个球中取4个，共有 $C_7^4=35$ 种取法，在4个球中，黑球有 i 个，红球有 j 个(剩下 $4-i-j$ 个为白球) 的取法数为：

$$N\{X=i,Y=j\}=C_3^iC_2^jC_2^{4-i-j}\quad(i=0,1,2,3;j=0,1,2;i+j\leqslant 4)$$

于是

$$P\{X=0,Y=2\}=\frac{C_3^0C_2^2C_2^2}{35}=\frac{1}{35}$$

$$P\{X=1,Y=1\}=\frac{C_3^1C_2^1C_2^2}{35}=\frac{6}{35}$$

$$P\{X=1,Y=2\}=\frac{C_3^1C_2^2C_2^1}{35}=\frac{6}{35}$$

$$P\{X=2,Y=0\}=\frac{C_3^2C_2^0C_2^2}{35}=\frac{3}{35}$$

$$P\{X=2,Y=1\}=\frac{C_3^2C_2^1C_2^1}{35}=\frac{12}{35}$$

$$P\{X=2,Y=2\}=\frac{C_3^2C_2^2C_2^0}{35}=\frac{3}{35}$$

$$P\{X=3,Y=0\}=\frac{C_3^3C_2^0C_2^1}{35}=\frac{2}{35}$$

$$P\{X=3,Y=1\}=\frac{C_3^3C_2^1C_2^0}{35}=\frac{2}{35}$$

$P\{X=0,Y=0\}=P\{X=0,Y=1\}=P\{X=1,Y=0\}=P\{X=3,Y=2\}=0$，则分布律为

Y \ X	0	1	2	3
0	0	0	$\frac{3}{35}$	$\frac{2}{35}$
1	0	$\frac{6}{35}$	$\frac{12}{35}$	$\frac{2}{35}$
2	$\frac{1}{35}$	$\frac{6}{35}$	$\frac{3}{35}$	0

(2)$P\{X>Y\}=P\{X=2,Y=0\}+P\{X=2,Y=1\}+P\{X=3,Y=0\}+P\{X=3,Y=1\}=$

$$\frac{3}{35}+\frac{12}{35}+\frac{2}{35}+\frac{2}{35}=\frac{19}{35}$$

$$P\{Y=2X\}=P\{X=1,Y=2\}=\frac{6}{35}$$

$$P\{X+Y=3\}=P\{X=1,Y=2\}+P\{X=2,Y=1\}+P\{X=3,Y=0\}=$$

$$\frac{6}{35}+\frac{12}{35}+\frac{2}{35}=\frac{20}{35}=\frac{4}{7}$$

$$P\{X<3-Y\}=P\{X+Y<3\}=$$

$$P\{X=0,Y=2\}+P\{X=1,Y=1\}+P\{X=2,Y=0\}=$$

$$\frac{1}{35}+\frac{6}{35}+\frac{3}{35}=\frac{10}{35}=\frac{2}{7}$$

3.设随机变量(X,Y)的概率密度为

$$f(x,y)=\begin{cases}k(6-x-y) & (0<x<2,2<y<4)\\ 0 & (\text{其他})\end{cases}$$

(1) 确定常数k;

(2) 求$P\{X<1,Y<3\}$;

(3) 求$P\{X<1.5\}$;

(4) 求$P\{X+Y\leqslant 4\}$.

解 (1) 由$\int_{-\infty}^{+\infty}\int_{-\infty}^{+\infty}f(x,y)\mathrm{d}x\mathrm{d}y=1$,得

$$1=\int_2^4\mathrm{d}y\int_0^2 k(6-x-y)\mathrm{d}x=k\int_2^4\left[(6-y)x-\frac{1}{2}x^2\right]\Big|_{x=0}^{x=2}\mathrm{d}y=$$

$$k\int_2^4(12-2y-2)\mathrm{d}y=k(10y-y^2)\Big|_2^4=8k$$

所以$k=\frac{1}{8}$.

(2)$P\{X<1,Y<3\}=\int_2^3\mathrm{d}y\int_0^1\frac{1}{8}(6-x-y)\mathrm{d}x=$

$$\frac{1}{8}\int_{2}^{3}\left[(6-y)x-\frac{1}{2}x^{2}\right]\Big|_{x=0}^{x=1}\mathrm{d}y=$$

$$\frac{1}{8}\int_{2}^{3}\left(\frac{11}{2}-y\right)\mathrm{d}y=\frac{3}{8}$$

(3) $P\{X<1.5\}=\int_{2}^{4}\mathrm{d}y\int_{0}^{1.5}\frac{1}{8}(6-x-y)\mathrm{d}x=$

$$\frac{1}{8}\int_{2}^{4}\left[(6-y)x-\frac{1}{2}x^{2}\right]\Big|_{x=0}^{x=1.5}\mathrm{d}y=$$

$$\frac{1}{8}\int_{2}^{4}\left(\frac{63}{8}-\frac{3}{2}y\right)\mathrm{d}y=\frac{27}{32}$$

(4) 在 $f(x,y)\neq 0$ 的区域 R:$\{0\leqslant x\leqslant 2,2\leqslant y\leqslant 4\}$ 上作直线 $x+y=4$,并记

$$G:\{(x,y)\mid 0\leqslant x\leqslant 2,2\leqslant y\leqslant 4-x\}$$

则

$$P\{X+Y\leqslant 4\}=P\{(X,Y)\notin G\}=$$

$$\iint_{G}f(x,y)\mathrm{d}x\mathrm{d}y=$$

$$\int_{2}^{4}\mathrm{d}y\int_{0}^{4-y}\frac{1}{8}(6-x-y)\mathrm{d}x=$$

$$\frac{1}{8}\int_{2}^{4}\left[(6-y)x-\frac{1}{2}x^{2}\right]\Big|_{x=0}^{x=4-y}\mathrm{d}y=$$

$$\frac{1}{8}\int_{2}^{4}\left[(6-y)(4-y)-\frac{1}{2}(4-y)^{2}\right]\mathrm{d}y=$$

$$\frac{1}{8}\int_{2}^{4}\left[2(4-y)+\frac{1}{2}(4-y)^{2}\right]\mathrm{d}y=$$

$$\frac{1}{8}\left[-(4-y)^{2}-\frac{1}{6}(4-y)^{3}\right]\Big|_{2}^{4}=\frac{2}{3}$$

4. 设连续型随机变量 (X,Y) 的密度函数为

$$f(x,y)=\begin{cases}Ae^{-(3x+4y)} & (x>0,y>0)\\ 0 & (\text{其他})\end{cases}$$

求:(1) 系数 A;(2) 落在区域 D:$\{0<X\leqslant 1,0<Y\leqslant 2\}$ 的概率.

解　(1) 因为 $\int_{-\infty}^{+\infty}\int_{-\infty}^{+\infty}f(x,y)\mathrm{d}x\mathrm{d}y=1$,所以 $1=\int_{0}^{+\infty}\int_{0}^{+\infty}Ae^{-(3x+4y)}\mathrm{d}x\mathrm{d}y=\frac{A}{12}$,所以 $A=12$,所以 $f(x,y)=\begin{cases}12e^{-(3x+4y)} & (x>0,y>0)\\ 0 & (\text{其他})\end{cases}$;

(2) $P\{0<x\leqslant 1,0<y\leqslant 2\}=\int_{0}^{1}\int_{0}^{2}12e^{-(3x+4y)}\mathrm{d}x\mathrm{d}y=(1-e^{-3})(1-e^{-8})$.

习题 3.2 解答

1. 设随机变量 (X,Y) 具有分布函数

$$F(x,y)=\begin{cases}1-e^{-x}-e^{-y}+e^{-x-y} & (x>0,y>0)\\ 0 & (\text{其他})\end{cases}$$

求边缘分布函数.

解

$$F_X(x)=F(x,\infty)=\begin{cases}1-e^{-x} & (x>0)\\ 0 & (\text{其他})\end{cases}$$

$$F_Y(y)=F(\infty,y)=\begin{cases}1-e^{-y} & (y>0)\\ 0 & (\text{其他})\end{cases}$$

2. 把一枚均匀的硬币连抛三次，以 X 表示出现正面的次数，Y 表示正、反两面次数差的绝对值，求 (X,Y) 的联合分布律及边缘分布.

解　把一均匀硬币连掷三次，有 8 种情况：

出现三次正面：正正正；出现两次正面：正正反，正反正，反正正；出现一次正面：正反反，反正反，反反正；不出现正面：反反反.

则 (X,Y) 的可能取值分别为 $(3,3)$，$(2,1)$，$(1,1)$，$(0,3)$，且 $P\{X=3,Y=3\}=\frac{1}{8}$，$P\{X=2,Y=1\}=\frac{3}{8}$，$P\{X=1,Y=1\}=\frac{3}{8}$，$P\{X=0,Y=3\}=\frac{1}{8}$. 所以 (X,Y) 的联合分布与边缘分布为

X \ Y	1	3	$p_{i\cdot}$
0	0	$\frac{1}{8}$	$\frac{1}{8}$
1	$\frac{3}{8}$	0	$\frac{3}{8}$
2	$\frac{3}{8}$	0	$\frac{3}{8}$
3	0	$\frac{1}{8}$	$\frac{1}{8}$
$p_{\cdot j}$	$\frac{3}{4}$	$\frac{1}{4}$	1

3. 设二维随机变量 (X,Y) 的概率密度为

$$f(x,y)=\begin{cases}4.8y(2-x) & (0\leqslant x\leqslant 1,0\leqslant y\leqslant x)\\ 0 & (\text{其他})\end{cases}$$

求边缘概率密度.

解　(X,Y) 的概率密度 $f(x,y)$ 在区域 $G:\{(x,y)\mid 0\leqslant x\leqslant 1,0\leqslant y\leqslant x\}$ 外取零值.

$$f_X(x)=\int_{-\infty}^{+\infty}f(x,y)\mathrm{d}y=$$

$$\begin{cases}\int_0^x 4.8y(2-x)\mathrm{d}y & (0\leqslant x\leqslant 1)\\ 0 & (\text{其他})\end{cases}=$$

$$\begin{cases}2.4(2-x)x^2 & (0\leqslant x\leqslant 1)\\ 0 & (\text{其他})\end{cases}$$

$$f_Y(y)=\int_{-\infty}^{+\infty}f(x,y)\mathrm{d}x=$$

$$\begin{cases}\int_y^1 4.8y(2-x)\mathrm{d}x & (0\leqslant y\leqslant 1)\\ 0 & (\text{其他})\end{cases}=$$

$$\begin{cases}2.4y(3-4y+y^2) & (0\leqslant y\leqslant 1)\\ 0 & (\text{其他})\end{cases}$$

注　在求边缘概率密度时，需画出概率密度 $f(x,y)\neq 0$ 的区域，这对于正确写出所需求的积分的上下限是很有帮助的.

4. 设二维随机变量 (X,Y) 的概率密度为

$$f(x,y)=\begin{cases}\mathrm{e}^{-y} & (0<x<y)\\ 0 & (\text{其他})\end{cases}$$

求边缘概率密度.

$$f_X(x)=\begin{cases}\int_x^{\infty}\mathrm{e}^{-y}\mathrm{d}y=-\mathrm{e}^{-y}\mid_x^{\infty}=\mathrm{e}^{-x} & (x>0)\\ 0 & (\text{其他})\end{cases}$$

$$f_Y(y)=\begin{cases}\int_0^{y}\mathrm{e}^{-y}\mathrm{d}x=y\mathrm{e}^{-y} & (y>0)\\ 0 & (\text{其他})\end{cases}$$

5. 设二维随机变量 (X,Y) 的概率密度为

$$f(x,y)=\begin{cases}cx^2y & (x^2\leqslant y\leqslant 1)\\ 0 & (\text{其他})\end{cases}$$

(1) 确定常数 c；

(2) 求边缘概率密度.

解　(1) 由于

$$1=\int_{-\infty}^{+\infty}\int_{-\infty}^{+\infty}f(x,y)\mathrm{d}x\mathrm{d}y=\iint_{x^2\leqslant y\leqslant 1}cx^2y\mathrm{d}x\mathrm{d}y=$$

$$c\int_{-1}^{1}x^2\mathrm{d}x\int_{x^2}^{1}y\mathrm{d}y=c\int_{-1}^{1}x^2\frac{y^2}{2}\mid_{x^2}^{1}\mathrm{d}x=$$

$$c\int_0^1 x^2(1-x^4)\mathrm{d}x=\frac{4c}{21}$$

得 $c=\dfrac{21}{4}$.

(2) $$f_X(x)=\int_{-\infty}^{+\infty}f(x,y)\mathrm{d}y=\begin{cases}\int_{x^2}^{1}\frac{21}{4}x^2y\mathrm{d}y & (-1\leqslant x\leqslant 1)\\ 0 & (\text{其他})\end{cases}=$$

$$\begin{cases}\frac{21}{8}x^2y^2\ \Big|_{x^2}^{1}=\frac{21}{8}x^2(1-x^4) & (-1\leqslant x\leqslant 1)\\ 0 & (\text{其他})\end{cases}$$

$$f_Y(y)=\int_{-\infty}^{+\infty}f(x,y)\mathrm{d}x=\begin{cases}\int_{-\sqrt{y}}^{\sqrt{y}}\frac{21}{4}x^2y\mathrm{d}x & (0\leqslant y\leqslant 1)\\ 0 & (\text{其他})\end{cases}=$$

$$\begin{cases}\frac{7}{4}x^3y\ \Big|_{-\sqrt{y}}^{\sqrt{y}}=\frac{7}{2}y^{\frac{5}{2}} & (0\leqslant y\leqslant 1)\\ 0 & (\text{其他})\end{cases}$$

6. 将某一医药公司8月份和9月份收到的青霉素针剂的订货单数分别记作 X 和 Y，据以往积累的资料知 X 和 Y 的联合分布律为

Y \ X	51	52	53	54	55
51	0.06	0.05	0.05	0.01	0.01
52	0.07	0.05	0.01	0.01	0.01
53	0.05	0.10	0.10	0.05	0.05
54	0.05	0.02	0.01	0.01	0.03
55	0.05	0.06	0.05	0.01	0.03

(1) 求边缘分布律；

(2) 求 8 月份的订单数为 51 时，9 月份订单数的条件分布律.

解 (1)(X,Y) 关于 X 的边缘分布律为

$$P\{X=i\}=\sum_{j=51}^{55}P\{X=i,Y=j\}\quad (i=51,52,53,54,55)$$

将表中 $X=i$ 那一列的各数字相加，就得到概率 $P\{X=i\}$，例如：

$$P\{X=52\}=0.05+0.05+0.10+0.02+0.06=0.28$$

可得(X,Y) 关于 X 的边缘分布律为

X	51	52	53	54	55
p_k	0.28	0.28	0.22	0.09	0.13

(X,Y) 关于 Y 的边缘分布律为

$$P\{Y=j\}=\sum_{i=51}^{55}P\{X=i,Y=j\}\quad (j=51,52,53,54,55)$$

将表中 $Y=j$ 那一行的各数字相加，就得到概率 $P\{Y=j\}$，例如：

$$P\{Y=53\}=0.05+0.10+0.10+0.05+0.05=0.35$$

可得(X,Y)关于Y的边缘分布律为

Y	51	52	53	54	55
p_k	0.18	0.15	0.35	0.12	0.20

(2) 所求的是条件分布律：

$$P\{Y=j \mid X=51\} \quad (j=51,52,53,54,55)$$

由$P\{Y=j \mid X=51\}=\dfrac{P\{X=51,Y=j\}}{P\{X=51\}}$知，只要将原表中第一行各数除以$P\{X=51\}=0.28$，即得所求的条件分布律.

$Y=j$	51	52	53	54	55
$P\{Y=j \mid X=51\}$	$\frac{6}{28}$	$\frac{7}{28}$	$\frac{5}{28}$	$\frac{5}{28}$	$\frac{5}{28}$

7. 设随机变量(X,Y)的概率密度为

$$f(x,y)=\begin{cases}1 & (|y|<x,0<x<1)\\ 0 & (\text{其他})\end{cases}$$

求条件概率密度$f_{X|Y}(x \mid y)$，$f_{Y|X}(y \mid x)$.

解

$$f_X(x)=\begin{cases}\int_{-x}^{x}1\mathrm{d}y=2x & (0<x<1)\\ 0 & (\text{其他})\end{cases}$$

$$f_Y(y)=\begin{cases}\int_{y}^{1}1\mathrm{d}x=1-y & (0<y<1)\\ \int_{-y}^{1}1\mathrm{d}x=1+y & (-1<y\leqslant 0)\\ 0 & (\text{其他})\end{cases}$$

当$0<y<1$时，

$$f_{X|Y}(x \mid y)=\begin{cases}\dfrac{1}{1-y} & (y<x<1)\\ 0 & (x\text{ 取其他值})\end{cases}$$

当$-1<y\leqslant 0$时，

$$f_{X|Y}(x \mid y)=\begin{cases}\dfrac{1}{1+y} & (-y<x<1)\\ 0 & (x\text{ 取其他值})\end{cases}$$

也可写成

$$f_Y(y)=\begin{cases}\int_{|y|}^{1}1\mathrm{d}x=1-|y| & (|y|<1)\\ 0 & (\text{其他})\end{cases}$$

因此，当 $|y|<1$ 时，

$$f_{X|Y}(x\mid y)=\begin{cases}\dfrac{1}{1-|y|} & (|y|<x<1)\\ 0 & (x\text{ 取其他值})\end{cases}$$

当 $0<x<1$ 时，

$$f_{Y|X}(y\mid x)=\begin{cases}\dfrac{1}{2x} & (|y|<x)\\ 0 & (y\text{ 取其他值})\end{cases}$$

8. 设随机变量 $X\sim U(0,1)$，当给定 $X=x$ 时，随机变量 Y 的条件概率密度为

$$f_{Y|X}(y\mid x)=\begin{cases}x & (0<y<\dfrac{1}{x})\\ 0 & (\text{其他})\end{cases}$$

(1) 求 X 和 Y 的联合概率密度 $f(x,y)$；

(2) 求边缘概率密度 $f_Y(y)$；

(3) 求 $P\{X>Y\}$.

解 (1) 因为 $f(x,y)=f_{Y|X}(y\mid x)f_X(x)$，今

$$f_X(x)=\begin{cases}1 & (0<x<1)\\ 0 & (\text{其他})\end{cases}$$

故

$$f(x,y)=\begin{cases}x & (0<y<\dfrac{1}{x},0<x<1)\\ 0 & (\text{其他})\end{cases}$$

(2)

$$f_Y(y)=\int_{-\infty}^{+\infty}f(x,y)\mathrm{d}x=\begin{cases}\int_0^1 x\mathrm{d}x=\dfrac{1}{2} & (0<y<1)\\ \int_0^{\frac{1}{y}}x\mathrm{d}x=\dfrac{1}{2y^2} & (y\geqslant 1)\\ 0 & (\text{其他})\end{cases}$$

即

$$f_Y(y)=\begin{cases}\dfrac{1}{2} & (0<y<1)\\ \dfrac{1}{2y^2} & (y\geqslant 1)\\ 0 & (\text{其他})\end{cases}$$

(3) $P\{X>Y\}=\iint\limits_G f(x,y)\mathrm{d}x\mathrm{d}y=\int_0^1\mathrm{d}y\int_y^1 x\,\mathrm{d}x=\int_0^1\frac{1}{2}(1-y^2)\mathrm{d}y=\frac{1}{3}$

9. 设二维连续型随机变量 (X,Y) 的联合分布函数为

$$F(x,y)=A(B+\arctan\frac{x}{2})(C+\arctan\frac{y}{3})$$

求：(1) A,B,C 的值；(2) (X,Y) 的联合分布密度；(3) 判断 X,Y 的独立性.

解　(1) 由分布函数性质 $F(-\infty,-\infty)=0,F(x,-\infty)=0,F(-\infty,y)=0$，有

$$\begin{cases}A(B+\arctan\frac{x}{2})(C-\frac{\pi}{2})=0\\A(B-\frac{\pi}{2})(C+\arctan\frac{y}{3})=0\end{cases}$$

解得 $\begin{cases}B=\frac{\pi}{2}\\C=\frac{\pi}{2}\end{cases}$.

又因为 $F(+\infty,+\infty)=1,A(B+\frac{\pi}{2})(C+\frac{\pi}{2})=1$，得 $A=\frac{1}{\pi^2}$.

(2) $f(x,y)=\frac{\partial^2F(x,y)}{\partial x\partial y}=\frac{6}{\pi^2(4+x^2)(9+y^2)}$.

(3) 欲判断独立性需先求其边缘分布密度：

$$F_X(x)=F(x,+\infty)=\frac{1}{\pi^2}(\frac{\pi}{2}+\arctan\frac{x}{2})(\frac{\pi}{2}+\frac{\pi}{2})=\frac{1}{\pi}(\frac{\pi}{2}+\arctan\frac{x}{2})$$

$$F_Y(y)=F(+\infty,y)=\frac{1}{\pi^2}(\frac{\pi}{2}+\frac{\pi}{2})(\frac{\pi}{2}+\arctan\frac{y}{3})=\frac{1}{\pi}(\frac{\pi}{2}+\arctan\frac{y}{3})$$

$$f_X(x)=F'_X(x)=\frac{2}{\pi(4+x^2)},\quad f_Y(x)=F'_Y(x)=\frac{3}{\pi(9+y^2)}$$

由于 $f_X(x)\cdot f_Y(y)=\frac{2}{\pi(4+x^2)}\cdot\frac{3}{\pi(9+y^2)}=f(x,y)$，所以 X 与 Y 相互独立.

10. 设 X 和 Y 是两个相互独立的随机变量，X 在区间 $(0,1)$ 上服从均匀分布，Y 的概率密度为

$$f_Y(y)=\begin{cases}\frac{1}{2}\mathrm{e}^{-\frac{y}{2}} & (y>0)\\0 & (y\leqslant 0)\end{cases}$$

(1) 求 X 和 Y 的联合概率密度；

(2) 设含有 a 的二次方程为 $a^2+2Xa+Y=0$，试求 a 有实根的概率.

解　(1) 因为 X 的概率密度为

$$f_X(x)=\begin{cases}1 & (0<x<1)\\0 & (\text{其他})\end{cases}$$

且 X 和 Y 相互独立，故 (X,Y) 的概率密度为

$$f(x,y)=\begin{cases}\frac{1}{2}e^{-\frac{y}{2}} & (0<x<1,y>0)\\0 & (\text{其他})\end{cases}$$

(2)a 的二次方程 $a^2+2Xa+Y=0$ 有实根的充要条件为判别式 $\Delta=4X^2-4Y\geqslant 0$，亦即 $X^2\geqslant Y$. 而

$$P\{X^2\geqslant Y\}=P\{(X,Y)\in G\}$$

其中，G 由曲线 $y=x^2$，$y=0$，$x=1$ 所围成，即有

$$P\{X^2\geqslant Y\}=\iint_G f(x,y)\mathrm{d}x\mathrm{d}y=\int_0^1\mathrm{d}x\int_0^{x^2}\frac{1}{2}e^{-\frac{y}{2}}\mathrm{d}y=$$

$$\int_0^1[-e^{-\frac{y}{2}}]_0^{x^2}\mathrm{d}x=\int_0^1[1-e^{-\frac{x^2}{2}}]\mathrm{d}x=$$

$$1-\int_0^1 e^{-\frac{x^2}{2}}\mathrm{d}x=1-\sqrt{2\pi}[\Phi(1)-\Phi(0)]=$$

$$1-\sqrt{2\pi}(0.8413-0.5)\approx 0.144\ 5$$

11. 进行打靶，设弹着点 $A(X,Y)$ 的坐标 X 和 Y 相互独立，且均服从 $N(0,1)$ 分布，规定：

点 A 落在区域 D_1：$\{(x,y)\mid x^2+y^2\leqslant 1\}$ 得 2 分；

点 A 落在区域 D_2：$\{(x,y)\mid 1<x^2+y^2\leqslant 4\}$ 得 1 分；

点 A 落在区域 D_3：$\{(x,y)\mid x^2+y^2>4\}$ 得 0 分.

以 Z 记打靶的得分，请写出 X,Y 的联合概率密度，并求出 Z 的分布律.

解 由题意知 X,Y 的概率密度为

$$f_X(x)=\frac{1}{\sqrt{2\pi}}e^{-\frac{x^2}{2}}\quad(-\infty<x<\infty)$$

$$f_Y(y)=\frac{1}{\sqrt{2\pi}}e^{-\frac{y^2}{2}}\quad(-\infty<y<\infty)$$

且知 X 和 Y 相互独立，故 X 和 Y 的联合概率密度为

$$f(x,y)=f_X(x)f_Y(y)=\frac{1}{2\pi}e^{-\frac{1}{2}(x^2+y^2)}\quad(-\infty<x<\infty,-\infty<y<\infty)$$

$$P\{(X,Y)\in D_1\}=\iint_{D_1}f(x,y)\mathrm{d}x\mathrm{d}y\xlongequal{\text{用极坐标表示}}$$

$$\int_0^{2\pi}\mathrm{d}\theta\int_0^1\frac{1}{2\pi}e^{-\frac{r^2}{2}}r\mathrm{d}r=$$

$$2\pi\times\frac{1}{2\pi}[-e^{-\frac{r^2}{2}}]\Big|_0^1=1-e^{-\frac{1}{2}}$$

$$P\{(X,Y)\in D_2\}=\iint_{D_2}f(x,y)\mathrm{d}x\mathrm{d}y=\int_0^{2\pi}\mathrm{d}\theta\int_1^2\frac{1}{2\pi}e^{-\frac{r^2}{2}}r\mathrm{d}r=$$

$$-e^{-\frac{r^2}{2}}\Big|_1^2=e^{-\frac{1}{2}}-e^{-2}$$

$$P\{(X,Y)\in D_3\}=1-(1-e^{-\frac{1}{2}})-(e^{-\frac{1}{2}}-e^{-2})=e^{-2}$$

故 Z 的分布律为

Z	0	1	2
p_k	e^{-2}	$e^{-\frac{1}{2}}-e^{-2}$	$1-e^{-\frac{1}{2}}$

12. 设 X 和 Y 是相互独立的随机变量，其概率密度分别为

$$f_X(x)=\begin{cases}\lambda e^{-\lambda x} & (x>0)\\ 0 & (x\leqslant 0)\end{cases},\quad f_Y(y)=\begin{cases}\mu e^{-\mu y} & (y>0)\\ 0 & (y\leqslant 0)\end{cases}$$

其中，$\lambda>0$，$\mu>0$，是常数，引入随机变量

$$Z=\begin{cases}1 & (X\leqslant Y)\\ 0 & (X>Y)\end{cases}$$

(1) 求条件概率密度 $f_{X|Y}(x\mid y)$；

(2) 求 Z 的分布律和分布函数.

解　由于 X 和 Y 相互独立，(X,Y) 的概率密度 $f(x,y)=f_X(x)f_Y(y)$，即

$$f(x,y)=\begin{cases}\lambda\mu e^{-\lambda x-\mu y} & (x>0,y>0)\\ 0 & (\text{其他})\end{cases}$$

(1) 当 $y>0$ 时，有

$$f_{X|Y}(x\mid y)=f_X(x)=\begin{cases}\lambda e^{-\lambda x} & (x>0)\\ 0 & (\text{其他})\end{cases}$$

(2)
$$P\{X\leqslant Y\}=\iint\limits_{G:x\leqslant y}f(x,y)\mathrm{d}x\mathrm{d}y=\int_0^{\infty}\mathrm{d}x\int_x^{\infty}\lambda\mu e^{-\lambda x-\mu y}\mathrm{d}y=$$

$$\int_0^{\infty}[-\lambda e^{-\lambda x-\mu y}]\Big|_{y=x}^{y=\infty}\mathrm{d}x=$$

$$\int_0^{\infty}\lambda e^{-(\lambda+\mu)x}\mathrm{d}x=\frac{\lambda}{\lambda+\mu}$$

$$P\{X>Y\}=1-P\{X\leqslant Y\}=\frac{\mu}{\lambda+\mu}$$

故 Z 的分布律为

Z	0	1
p_k	$\frac{\mu}{\lambda+\mu}$	$\frac{\lambda}{\lambda+\mu}$

所以 Z 的分布函数为

$$F_Z(z)=\begin{cases}0 & (z<0)\\ \dfrac{\mu}{\lambda+\mu} & (0\leqslant z<1)\\ 1 & (z\geqslant 1)\end{cases}$$

习题 3.3 解答

1. 设随机变量(X,Y)的概率密度为

$$f(x,y)=\begin{cases}x+y & (0<x<1,0<y<1)\\ 0 & (\text{其他})\end{cases}$$

分别求：(1)$Z=X+Y$，(2)$Z=XY$ 的概率密度.

解 记所需求的概率密度函数为 $f_Z(z)$.

$$f(x,y)=\begin{cases}x+y & (0<x<1,0<y<1)\\ 0 & (\text{其他})\end{cases}$$

(1)$Z=X+Y$

$$f_Z(z)=\int_{-\infty}^{+\infty}f(x,z-x)\mathrm{d}x$$

仅当被积函数 $f(x,z-x)\neq 0$ 时，$f_Z(z)\neq 0$，我们先找出使 $f(x,z-x)\neq 0$ 的 x,z 的变化范围，从而可定出积分(相对于不同 z 的值)的积分限，算出这一积分即可，易知，仅当 $\begin{cases}0<x<1\\ 0<z-x<1\end{cases}$，即$\begin{cases}0<x<1\\ z-1<x<z\end{cases}$时，

$$f_Z(z)=\int_{-\infty}^{+\infty}f(x,z-x)\mathrm{d}x=\begin{cases}\int_0^z[x+(z-x)]\mathrm{d}x & (0<z<1)\\ \int_{z-1}^1[x+(z-x)]\mathrm{d}x & (1\leqslant z<2)\\ 0 & (\text{其他})\end{cases}$$

即

$$f_Z(z)=\begin{cases}z^2 & (0<z<1)\\ 2z-z^2 & (1\leqslant z<2)\\ 0 & (\text{其他})\end{cases}$$

本题也可利用分布函数来求 $f_Z(z)$.

记 $Z=X+Y$ 的分布函数为 $F_Z(z)$，

当 $z\leqslant 0$ 时，$F_Z(z)=0$

当 $0<z<1$ 时，

$$F_Z(z)=P\{Z\leqslant z\}=P\{X+Y\leqslant z\}=$$

$$\iint_{D_1}(x+y)\mathrm{d}x\mathrm{d}y=$$

$$\int_0^z\mathrm{d}y\int_0^{z-y}(x+y)\mathrm{d}x=$$

$$\frac{1}{3}z^3$$

当 $1\leqslant z<2$ 时，因 $f(x,y)$ 只在矩形区域上 $\neq 0$，故

$$F_Z(z)=P\{Z\leqslant z\}=1-\iint\limits_{D_2}f(x,y)\mathrm{d}x\mathrm{d}y=$$

$$1-\int_{Z-1}^{1}\mathrm{d}y\int_{z-y}^{1}(x+y)\mathrm{d}x=-\frac{1}{3}+z^2-\frac{1}{3}z^3$$

当 $z\geqslant 2$ 时,$F_Z(z)=1$.

故 $Z=X+Y$ 的分布函数为

$$F_Z(z)=\begin{cases}0 & (z<0)\\ \frac{1}{3}z^3 & (0<z<1)\\ -\frac{1}{3}+z^2-\frac{1}{3}z^3 & (1\leqslant z<2)\\ 1 & (z\geqslant 2)\end{cases}$$

由此可知 $Z=X+Y$ 的概率密度函数为

$$f_Z(z)=\begin{cases}z^2 & (0<z<1)\\ 2z-z^2 & (1\leqslant z<2)\\ 0 & (\text{其他})\end{cases}$$

(2)$Z=XY$

$$f_Z(z)=\int_{-\infty}^{+\infty}\frac{1}{|x|}f\left(x,\frac{z}{x}\right)\mathrm{d}x$$

易知仅当

$$\begin{cases}0<x<1,\\ 0<\frac{z}{x}<1\end{cases},\text{即}\begin{cases}0<x<1\\ 0<z<x\end{cases}$$

时,上述积分的被积函数不等于零,即得

$$f_Z(z)=\int_{-\infty}^{+\infty}\frac{1}{|x|}f(x,\frac{z}{x})\mathrm{d}x=\begin{cases}\int_z^1\frac{1}{x}(x+\frac{z}{x})\mathrm{d}x & (0<z<1)\\ 0 & (\text{其他})\end{cases}$$

得

$$f_Z(z)=\begin{cases}2(1-z) & (0<z<1)\\ 0 & (\text{其他})\end{cases}$$

2.设 X 和 Y 是两个相互独立的随机变量,其概率密度分别为

$$f_X(x)=\begin{cases}1 & (0\leqslant x\leqslant 1)\\ 0 & (\text{其他})\end{cases},\quad f_Y(y)=\begin{cases}\mathrm{e}^{-y} & (y>0)\\ 0 & (\text{其他})\end{cases}$$

求随机变量 $Z=X+Y$ 的概率密度.

解　利用公式

$$f_Z(z)=\int_{-\infty}^{+\infty}f_X(z-y)f_Y(y)\mathrm{d}y$$

按函数 f_X, f_Y 的定义知,仅当

$$\begin{cases} 0 \leqslant z-y \leqslant 1 \\ y > 0 \end{cases}$$

即 $z-1 \leqslant y \leqslant z, y > 0$ 时,上述积分的被积函数才不等于 0,

$$f_Z(z)=\begin{cases} \int_0^z f_X(z-y)f_Y(y)\mathrm{d}y=\int_0^z 1\cdot \mathrm{e}^{-y}\mathrm{d}y & (0<z<1) \\ \int_{z-1}^z f_X(z-y)f_Y(y)\mathrm{d}y=\int_{z-1}^z 1\cdot \mathrm{e}^{-y}\mathrm{d}y & (z\geqslant 1) \\ 0 & (\text{其他}) \end{cases}$$

即有

$$f_Z(z)=\begin{cases} 1-\mathrm{e}^{-z} & (0<z<1) \\ (\mathrm{e}-1)\mathrm{e}^{-z} & (z\geqslant 1) \\ 0 & (\text{其他}) \end{cases}$$

若利用公式

$$f_Z(z)=\int_{-\infty}^{+\infty} f_X(x)f_Y(z-x)\mathrm{d}x$$

可知仅当

$$\begin{cases} 0\leqslant x\leqslant 1 \\ z-x>0 \end{cases}, \quad \text{即}\begin{cases} 0\leqslant x\leqslant 1 \\ x<z \end{cases}$$

时,上述积分的被积函数才不会等于 0,

$$f_Z(z)=\begin{cases} \int_0^z f_X(x)f_Y(z-x)\mathrm{d}x=\int_0^z \mathrm{e}^{-(z-x)}\mathrm{d}x & (0<z<1) \\ \int_0^1 f_X(x)f_Y(z-x)\mathrm{d}x=\int_0^1 \mathrm{e}^{-(z-x)}\mathrm{d}x & (z\geqslant 1) \\ 0 & (\text{其他}) \end{cases}$$

即有

$$f_Z(z)=\begin{cases} 1-\mathrm{e}^{-z} & (0<z<1) \\ (\mathrm{e}-1)\mathrm{e}^{-z} & (z\geqslant 1) \\ 0 & (\text{其他}) \end{cases}$$

3. 某种商品一周的需求量是一个随机变量,其概率密度为

$$f(t)=\begin{cases} t\mathrm{e}^{-t} & (t>0) \\ 0 & (t\leqslant 0) \end{cases}$$

设各周的需求量是相互独立的,求:(1) 两周;(2) 三周的需求量的概率密度.

解 设某种商品在第 i 周的需求量为 $X_i(i=1,2,3)$,由题设 X_1, X_2, X_3 相互独立,并且有

$$f_{X_i}(t)=f(t)=\begin{cases} t\mathrm{e}^{-t} & (t>0) \\ 0 & (t\leqslant 0) \end{cases}$$

(1) 记两周的需求量为 Z,即 $Z=X_1+X_2$,则 Z 的概率密度为

$$f_Z(z)=\int_{-\infty}^{+\infty}f(x)f(z-x)\mathrm{d}x$$

由 $f(t)$ 的定义,知仅当

$$\begin{cases}x>0\\z-x>0\end{cases},\quad 即\begin{cases}x>0\\x<z\end{cases}$$

时上述积分的被积函数不等于零,于是 Z 的概率密度为

$$f_Z(z)=\begin{cases}\int_0^z f(x)f(z-x)\mathrm{d}x & (z>0)\\0 & (其他)\end{cases}=\begin{cases}\int_0^z x\mathrm{e}^{-x}(z-x)\mathrm{e}^{-(z-x)}\mathrm{d}x & (z>0)\\0 & (其他)\end{cases}=$$

$$\begin{cases}\mathrm{e}^{-z}\int_0^z(xz-x^2)\mathrm{d}x=\dfrac{z^3\mathrm{e}^{-z}}{3!} & (z>0)\\0 & (其他)\end{cases}$$

(2) 记三周的需求量为 W,即 $W=Z+X_3$,因为 X_1,X_2,X_3 相互独立,故 $Z=X_1+X_2$ 与 X_3 相互独立,从而 W 的概率密度为

$$f_W(u)=\int_{-\infty}^{+\infty}f_Z(x)f_{X_3}(u-x)\mathrm{d}x$$

由上述 $f_Z(z)$ 及 $f(t)$ 的定义,知仅当

$$\begin{cases}x>0\\u-x>0\end{cases},\quad 即\begin{cases}x>0\\x<u\end{cases}$$

时,上述积分的被积函数不等于零,于是 W 的概率密度为

$$f_W(u)=\begin{cases}\int_0^u f_Z(x)f_{X_3}(u-x)\mathrm{d}x & (u>0)\\0 & (其他)\end{cases}=$$

$$\begin{cases}\int_0^u\dfrac{x^3\mathrm{e}^{-x}}{3!}(u-x)\mathrm{e}^{-(u-x)}\mathrm{d}x & (u>0)\\0 & (其他)\end{cases}=$$

$$\begin{cases}\dfrac{\mathrm{e}^{-u}}{3!}\int_0^u(x^3u-x^4)\mathrm{d}x=\begin{cases}\dfrac{u^5\mathrm{e}^{-u}}{5!} & (u>0)\\0 & (其他)\end{cases}\end{cases}$$

注 本题中我们假设第一周的需求量为 X_1,第二周的需求量为 X_2,两周的需求量为 X_1+X_2. X_1,X_2 是相互独立的随机变量,虽然它们具有相同的分布,但它们的取值是相互独立的,因而两周的需求量不能写成 $2X$,而必须写成 X_1+X_2.

4. 设随机变量 (X,Y) 的概率密度为

$$f(x,y)=\begin{cases}\dfrac{1}{2}(x+y)\mathrm{e}^{-(x+y)} & (x>0,y>0)\\0 & (其他)\end{cases}$$

(1) 问 X 和 Y 是否相互独立?

(2) 求 $Z=X+Y$ 的概率密度.

解 (1) $f_X(x)=\int_{-\infty}^{\infty}f(x,y)\mathrm{d}y=\int_0^{\infty}\frac{1}{2}(x+y)\mathrm{e}^{-(x+y)}\mathrm{d}y=$

$$\frac{1}{2}(x+y)(-\mathrm{e}^{-(x+y)})\Big|_{y=0}^{y=\infty}+\frac{1}{2}\int_0^{\infty}\mathrm{e}^{-(x+y)}\mathrm{d}y=$$

$$\frac{1}{2}x\mathrm{e}^{-x}-\frac{1}{2}\mathrm{e}^{-(x+y)}\Big|_{y=0}^{y=\infty}=\frac{x+1}{2}\mathrm{e}^{-x}\ (x>0)$$

故 X 的概率密度为

$$f_X(x)=\begin{cases}\frac{x+1}{2}\mathrm{e}^{-x} & (x>0)\\ 0 & (\text{其他})\end{cases}$$

同理,Y 的概率密度为

$$f_Y(y)=\begin{cases}\frac{y+1}{2}\mathrm{e}^{-y} & (y>0)\\ 0 & (\text{其他})\end{cases}$$

显然 $f_X(x)f_Y(y)\neq f(x,y)$,所以 X,Y 不相互独立.

(2) $Z=X+Y$ 的概率密度 $f_Z(z)$ 为

$$f_Z(z)=\int_{-\infty}^{+\infty}f(z-y,y)\mathrm{d}y$$

上述被积函数仅当

$$\begin{cases}z-y>0\\ y>0\end{cases},\quad \text{即}\begin{cases}y<z\\ y>0\end{cases}$$

时才不会等于 0.

$$f_Z(z)=\begin{cases}\int_0^z f(z-y,y)\mathrm{d}y & (z>0)\\ 0 & (\text{其他})\end{cases}=\begin{cases}\int_0^z \frac{1}{2}(z-y+y)\mathrm{e}^{-(z-y+y)}\mathrm{d}y & (z>0)\\ 0 & (\text{其他})\end{cases}$$

即有

$$f_Z(z)=\begin{cases}\frac{1}{2}\int_0^z z\mathrm{e}^{-z}\mathrm{d}y=\frac{1}{2}z^2\mathrm{e}^{-z} & (z>0)\\ 0 & (\text{其他})\end{cases}$$

5. 设随机变量 X,Y 相互独立,且具有相同的分布,它们的概率密度均为

$$f(x)=\begin{cases}\mathrm{e}^{1-x} & (x>1)\\ 0 & (\text{其他})\end{cases}$$

求 $Z=X+Y$ 的概率密度.

解 由卷积公式

$$f_Z(z)=\int_{-\infty}^{+\infty}f_X(x)f_Y(z-x)\mathrm{d}x$$

其中，$f_X(x)=\begin{cases} e^{1-x} & (x>1) \\ 0 & (其他) \end{cases}$，$f_Y(y)=\begin{cases} e^{1-y} & (y>1) \\ 0 & (其他) \end{cases}$.

仅当 $\begin{cases} x>1 \\ z-x>1 \end{cases}$，即 $\begin{cases} x>1 \\ x<z-1 \end{cases}$ 时，上述积分的被积函数不等于零，

$$f_Z(z)=\begin{cases} \int_1^{z-1} e^{1-x}e^{1-(z-x)}\,dx=\int_1^{z-1} e^{2-z}\,dx & (z>2) \\ 0 & (其他) \end{cases}$$

得

$$f_Z(z)=\begin{cases} e^{2-z}(z-2) & (z>2) \\ 0 & (其他) \end{cases}$$

6. 设随机变量 X,Y 相互独立，它们的概率密度均为

$$f(x)=\begin{cases} e^{-x} & (x>0) \\ 0 & (其他) \end{cases}$$

求 $Z=\dfrac{Y}{X}$ 的概率密度.

解　$$f_X(x)=\begin{cases} e^{-x} & (x>0) \\ 0 & (其他) \end{cases},\quad f_Y(y)=\begin{cases} e^{-y} & (y>0) \\ 0 & (其他) \end{cases}$$

由公式 $f_Z(z)=\int_{-\infty}^{+\infty} |x| f_X(x)f_Y(xz)\,dx$，仅当 $\begin{cases} x>0 \\ xz>0 \end{cases}$，即 $\begin{cases} x>0 \\ z>0 \end{cases}$ 时，上述积分的被积函数不等于零，于是当 $z>0$ 时有

$$f_Z(z)=\int_0^{\infty} xe^{-x}e^{-xz}\,dx=\int_0^{\infty} xe^{-x(z+1)}\,dx=\frac{1}{(z+1)^2}$$

当 $z\leqslant 0$ 时，$f_Z(z)=0$，即

$$f_Z(z)=\begin{cases} \dfrac{1}{(z+1)^2} & (z>0) \\ 0 & (z\leqslant 0) \end{cases}$$

7. 设随机变量 X,Y 相互独立，它们都在区间 $(0,1)$ 上服从均匀分布，A 是以 X,Y 为边长的矩形的面积，求 A 的概率密度.

解　由题意可知，X,Y 的概率密度分别为

$$f_X(x)=\begin{cases} 1 & (0<x<1) \\ 0 & (其他) \end{cases},\quad f_Y(y)=\begin{cases} 1 & (0<y<1) \\ 0 & (其他) \end{cases}$$

面积 $A=XY$ 的概率密度为

$$f_Z(z)=\int_{-\infty}^{+\infty}\frac{1}{|x|}f(x,\frac{z}{x})\,dx=\int_{-\infty}^{+\infty}\frac{1}{|x|}f_X(x)f_Y\left(\frac{z}{x}\right)dx$$

仅当 $\begin{cases} 0<x<1 \\ 0<\dfrac{z}{x}<1 \end{cases}$，即 $\begin{cases} 0<x<1 \\ 0<z<x \end{cases}$ 时上述积分的被积函数不等于零，

$$f_Z(z)=\begin{cases}\int_z^1 \frac{1}{x}\mathrm{d}x=-\ln z & (0<z<1)\\ 0 & (\text{其他})\end{cases}$$

8. 设随机变量 (X,Y) 的概率密度为

$$f(x,y)=\begin{cases}b\mathrm{e}^{-(x+y)} & (0<x<1,0<y<+\infty)\\ 0 & (\text{其他})\end{cases}$$

(1) 试确定常数 b；

(2) 求边缘概率密度 $f_X(x),f_Y(y)$；

(3) 求函数 $U=\max\{X,Y\}$ 的分布函数.

解 (1) 由

$$1=\int_{-\infty}^{+\infty}\int_{-\infty}^{+\infty}f(x,y)\mathrm{d}x\mathrm{d}y=\int_0^{+\infty}\int_0^1 b\mathrm{e}^{-(x+y)}\mathrm{d}y\mathrm{d}x=$$

$$b\left[\int_0^{+\infty}\mathrm{e}^{-y}\mathrm{d}y\right]\left[\int_0^1\mathrm{e}^{-x}\mathrm{d}x\right]=b(1-\mathrm{e}^{-1})$$

得

$$b=\frac{1}{1-\mathrm{e}^{-1}}$$

(2) $$f_X(x)=\int_{-\infty}^{+\infty}f(x,y)\mathrm{d}y=\begin{cases}\frac{1}{1-\mathrm{e}^{-1}}\int_0^{+\infty}\mathrm{e}^{-x}\mathrm{e}^{-y}\mathrm{d}y=\frac{\mathrm{e}^{-x}}{1-\mathrm{e}^{-1}} & (0<x<1)\\ 0 & (\text{其他})\end{cases}$$

$$f_Y(y)=\int_{-\infty}^{+\infty}f(x,y)\mathrm{d}x=\begin{cases}\frac{1}{1-\mathrm{e}^{-1}}\int_0^1\mathrm{e}^{-x}\mathrm{e}^{-y}\mathrm{d}x=\mathrm{e}^{-y} & (y>0)\\ 0 & (\text{其他})\end{cases}$$

(3) 由(2)知 $f(x,y)=f_X(x)f_Y(y)$，故 X,Y 相互独立，分别记 $U=\max\{X,Y\}$ 及 X 和 Y 的分布函数为 $F_U(u),F_X(x)$ 和 $F_Y(y)$，则有

$$F_U(u)=F_X(u)F_Y(u)$$

由(2)知

$$F_X(u)=\int_{-\infty}^{u}f_X(x)\mathrm{d}x=\begin{cases}0 & (u<0)\\ \int_0^u\frac{\mathrm{e}^{-x}}{1-\mathrm{e}^{-1}}\mathrm{d}x & (0\leqslant u<1)\\ 1 & (u\geqslant 1)\end{cases}=$$

$$\begin{cases}0 & (u<0)\\ \frac{1-\mathrm{e}^{-u}}{1-\mathrm{e}^{-1}} & (0\leqslant u<1)\\ 1 & (u\geqslant 1)\end{cases}$$

$$F_Y(u)=\int_{-\infty}^{u}f_Y(y)\mathrm{d}y=\begin{cases}0 & (u<0)\\ \int_0^u\mathrm{e}^{-y}\mathrm{d}y & (u\geqslant 0)\end{cases}=$$

$$\begin{cases} 0 & (u<0) \\ 1-e^{-u} & (u\geqslant 0) \end{cases}$$

将 $F_X(u)$，$F_Y(u)$ 的表达式代入式 $F_U(u)=F_X(u)F_Y(u)$ 中，得到 $U=\max\{X,Y\}$ 的分布函数为

$$F_U(u)=\begin{cases} 0 & (u<0) \\ \dfrac{(1-e^{-u})^2}{1-e^{-1}} & (0\leqslant u<1) \\ 1-e^{-u} & (u\geqslant 1) \end{cases}$$

9. 设随机变量 (X,Y) 的分布律为

Y \ X	0	1	2	3	4	5
0	0.00	0.01	0.03	0.05	0.07	0.09
1	0.01	0.02	0.04	0.05	0.06	0.08
2	0.01	0.03	0.05	0.05	0.05	0.06
3	0.01	0.02	0.04	0.06	0.06	0.05

(1) 求 $P\{X=2\mid Y=2\}$，$P\{Y=3\mid X=0\}$；

(2) 求 $V=\max\{X,Y\}$ 的分布律；

(3) 求 $U=\min\{X,Y\}$ 的分布律；

(4) 求 $W=X+Y$ 的分布律.

解　(1) $P\{Y=2\}=\sum\limits_{i=0}^{5}P\{X=i,Y=2\}=$

$$0.01+0.03+0.05+0.05+0.05+0.06=0.25$$

$$P\{X=0\}=\sum_{j=0}^{3}P\{X=0,Y=j\}=$$

$$0.00+0.01+0.01+0.01=0.03$$

故有
$$P\{X=2\mid Y=2\}=\frac{P\{X=2,Y=2\}}{P\{Y=2\}}=\frac{0.05}{0.25}=\frac{1}{5}$$

$$P\{Y=3\mid X=0\}=\frac{P\{X=0,Y=3\}}{P\{X=0\}}=\frac{0.01}{0.03}=\frac{1}{3}$$

(2) $V=\max\{X,Y\}$ 的所有可能的取值为 0，1，2，3，4，5

$$\{V=i\}=\{\max\{X,Y\}=i\}=\{X=i,Y<i\}\cup\{X=i,Y=i\}\cup\{X<i,Y=i\}$$

上式右边三项两两互不相容，故有

$$P\{V=i\}=P\{\max\{X,Y\}=i\}=P\{X=i,Y<i\}+P\{X=i,Y=i\}+P\{X<i,Y=i\}$$

例如：

$$P\{V=2\}=P\{X=2,Y=0\}+P\{X=2,Y=1\}+$$
$$P\{X=2,Y=2\}+P\{X=0,Y=2\}+$$

$$P\{X=1,Y=2\}=$$
$$0.03+0.04+0.05+0.01+0.03=0.16$$
$$P(V=5)=P\{X=5,Y=0\}+P\{X=5,Y=1\}+P\{X=5,Y=2\}+P\{X=5,Y=3\}=0.09+0.08+0.06+0.05=0.28$$

即有分布律

$V=\max\{X,Y\}$	0	1	2	3	4	5
p_k	0	0.04	0.16	0.28	0.24	0.28

(3)$U=\min\{X,Y\}$ 的所有可能的取值为 0,1,2,3.

$$\{U=i\}=\{\min\{X,Y\}=i\}=\{X=i,Y>i\}\cup\{X=i,Y=i\}\cup\{X>i,Y=i\}$$
$$P\{U=i\}=P\{X=i,Y>i\}+P\{X=i,Y=i\}+P\{X>i,Y=i\}$$

例如：

$$P\{U=2\}=P\{X=2,Y=3\}+P\{X=2,Y=2\}+P\{X=3,Y=2\}+P\{X=4,Y=2\}+P\{X=5,Y=2\}=0.04+0.05+0.05+0.05+0.06=0.25$$

即有

$U=\min\{X,Y\}$	0	1	2	3
p_k	0.28	0.30	0.25	0.17

(4)$W=X+Y$ 的所有可能的取值为 0,1,2,3,4,5,6,7,8

$$\{W=i\}=\{X+Y=i\}=\bigcup_{k=0}^{i}\{X=k,Y=i-k\}$$
$$P\{W=i\}=\sum_{k=0}^{i}P\{X=k,Y=i-k\}$$

例如：

$$P\{W=2\}=P\{X=0,Y=2\}+P\{X=1,Y=1\}+P\{X=2,Y=0\}=0.01+0.02+0.03=0.06$$
$$P\{W=5\}=P\{X=0,Y=5\}+P\{X=1,Y=4\}+P\{X=2,Y=3\}+P\{X=3,Y=2\}+P\{X=4,Y=1\}+P\{X=5,Y=0\}=0+0+0.04+0.05+0.06+0.09=0.24$$

即有分布律

$W=X+Y$	0	1	2	3	4	5	6	7	8
p_k	0	0.02	0.06	0.13	0.19	0.24	0.19	0.12	0.05

3.4　单元测试

一、填空题

1. 设 $P\{X \geqslant 0, Y \geqslant 0\} = \frac{3}{7}$，$P\{X \geqslant 0\} = P\{Y \geqslant 0\} = \frac{4}{7}$，则 $P\{\max\{X,Y\} \geqslant 0\} =$ ________.

2. 已知 X,Y 的分布律为

$Y \backslash X$	0	1
0	$\frac{1}{3}$	b
1	a	$\frac{1}{6}$

且 $\{X=0\}$ 与 $\{X+Y=1\}$ 独立，则 $a=$ ________，$b=$ ________.

3. 用 (X,Y) 的联合分布函数 $F(x,y)$ 表示 $P\{a \leqslant X \leqslant b, Y < c\} =$ ________.

4. 设平面区域 D 由 $y=x$，$y=0$ 和 $x=2$ 所围成，二维随机变量 (x,y) 在区域 D 上服从均匀分布，则 (x,y) 关于 X 的边缘概率密度在 $x=1$ 处的值为 ________.

5. 设随机变量 $X_i \sim \begin{bmatrix} -1 & 0 & 1 \\ \frac{1}{4} & \frac{1}{2} & \frac{1}{4} \end{bmatrix}$ $(i=1,2)$ 且满足 $P\{X_1X_2=0\}=1$，则 $P\{X_1 = X_2\} =$ ________.

二、选择题

1. X_1，X_2 相互独立，且分布律为

X_i	0	1
P	$\frac{1}{2}$	$\frac{1}{2}$

$(i=1,2)$，那么下列结论正确的是（　　）.

A. $X_1 = X_2$　　　　B. $P\{X_1 = X_2\} = 1$

C. $P\{X_1 = X_2\} = \frac{1}{2}$　　　　D. 以上都不正确

2. 设离散型随机变量 (X,Y) 的联合分布律为

(X,Y)	$(1,1)$	$(1,2)$	$(1,3)$	$(2,1)$	$(2,2)$	$(2,3)$
P	$\frac{1}{6}$	$\frac{1}{9}$	$\frac{1}{18}$	$\frac{1}{3}$	α	β

且 X,Y 相互独立,则(　　).

A. $\alpha=\frac{2}{9},\beta=\frac{1}{9}$　　B. $\alpha=\frac{1}{9},\beta=\frac{2}{9}$

C. $\alpha=\frac{1}{6},\beta=\frac{1}{6}$　　D. $\alpha=\frac{8}{15},\beta=\frac{1}{18}$

3. 若 $X\sim(\mu_1,\sigma_1^2)$,$Y\sim(\mu_2,\sigma_2^2)$,那么(X,Y)的联合分布为(　　).

A. 二维正态,且 $\rho=0$　　B. 二维正态,且 ρ 不定

C. 未必是二维正态　　D. 以上都不对

4. 设 X,Y 是相互独立的两个随机变量,它们的分布函数分别为 $F_X(x)$,$F_Y(y)$,则 $Z=\max\{X,Y\}$ 的分布函数是(　　).

A. $F_Z(z)=\max\{F_X(x),F_Y(y)\}$

B. $F_Z(z)=\max\{|F_X(x)|,|F_Y(y)|\}$

C. $F_Z(z)=F_X(x)F_Y(y)$

D. 以上都不是

5. 下列二元函数中,可以作为连续型随机变量的联合概率密度的是(　　)

A. $f(x,y)=\begin{cases}\cos x & (-\frac{\pi}{2}\leqslant x\leqslant\frac{\pi}{2},0\leqslant y\leqslant 1)\\ 0 & (\text{其他})\end{cases}$

B. $g(x,y)=\begin{cases}\cos x & (-\frac{\pi}{2}\leqslant x\leqslant\frac{\pi}{2},0\leqslant y\leqslant \frac{1}{2})\\ 0 & (\text{其他})\end{cases}$

C. $\varphi(x,y)=\begin{cases}\cos x & (0\leqslant x\leqslant\pi,0\leqslant y\leqslant 1)\\ 0 & (\text{其他})\end{cases}$

D. $h(x,y)=\begin{cases}\cos x & (0\leqslant x\leqslant\pi,0\leqslant y\leqslant \frac{1}{2})\\ 0 & (\text{其他})\end{cases}$

3.5　单元测试答案

一、填空题

1. $\frac{5}{7}$　2. $\frac{1}{3}$　$\frac{1}{6}$　3. $F(b,c)-F(a,c)$　4. $\frac{1}{2}$　5. 0

二、选择题

1. C　2. A　3. C　4. C　5. B

第4章 随机变量的数字特征与极限定理

4.1 内容提要

1. 离散型随机变量的数学期望

定义1 设离散型随机变量 X 的分布律为

X	x_1	x_2	$\cdots$	x_n
P	p_1	p_2	$\cdots$	p_n

如果级数 $\sum_{k=1}^{\infty} x_k \cdot p_k$ 绝对收敛,则称 $\sum_{k=1}^{\infty} x_k p_k$ 为随机变量 X 的数学期望或均值,记作 $E(X)$,即 $E(X)=\sum_{k=1}^{\infty} x_k p_k$.

如果级数 $\sum_{k=1}^{\infty} x_k p_k$ 不绝对收敛,则称随机变量 X 的数学期望不存在.

2. 连续型随机变量的数学期望

定义2 如果连续型随机变量 X 具有密度函数 $f(x)$,且 $\int_{-\infty}^{+\infty} |x| f(x) \mathrm{d}x$ 存在,则 $\int_{-\infty}^{+\infty} x f(x) \mathrm{d}x$ 称为随机变量 X 的数学期望,记作 $E(X)$,即 $E(X)=\int_{-\infty}^{+\infty} x f(x) \mathrm{d}x$.

反之,如果积分 $\int_{-\infty}^{+\infty} |x| \cdot f(x) \mathrm{d}x$ 发散,则称随机变量 X 的数学期望不存在.

3. 随机变量函数的数学期望

定理1 随机变量 Y 是随机变量 X 的函数,$Y=g(X)$(g 为连续函数).

(1) 设离散型随机变量 X 的分布律为 $P\{X=x_k\}=p_k(k=1,2,\cdots)$, 如果级数 $\sum_{k=1}^{\infty} |g(x_k)| \cdot p_k$ 收敛,则

$$E(y)=E[g(X)]=\sum_{k=1}^{\infty} g(x_k) \cdot p_k$$

(2) 设连续型随机变量 X 的概率密度为 $f(x)$，若$\int_{-\infty}^{+\infty}|g(x)|\cdot f(x)\mathrm{d}x$ 收敛，则

$$E(y)=E[g(x)]=\int_{-\infty}^{+\infty}g(x)f(x)\mathrm{d}x$$

4. **数学期望的性质**

性质 1 设 C 为常数，则 $E(C)=C$；

性质 2 设 k,b 为常数，则 $E(kX+b)=kE(X)+b$；

性质 3 设 X,Y 为任意两个随机变量，则

$$E(X+Y)=E(X)+E(Y)$$

推广 $E(X_1+X_2+\cdots+X_n)=E(X_1)+E(X_2)+\cdots+E(X_n)$；

性质 4 如果 X 与 Y 相互独立，则 $E(XY)=E(X)\cdot E(Y)$.

推广 若 $X_1,X_2,\cdots,X_n$ 相互独立，则 $E(X_1X_2\cdots X_n)=E(X_1)\cdot E(X_2)\cdots E(X_n)$.

5. **方差的定义**

定义 3 对随机变量 X，若 $E[X-E(X)]^2$ 存在，则称 $E[X-E(X)]^2$ 为随机变量 X 的方差，记作 $D(X)$，即

$$D(X)=E[X-E(X)]^2$$

我们称方差的平方根$\sqrt{D(X)}$ 为随机变量 X 的标准差或均方差，记作 $\sigma(X)$，即

$$\sigma(X)=\sqrt{D(X)}$$

定义 4 如果离散型随机变量 X 的分布律为 $P\{X=x_k\}=p_k(k=1,2,\cdots,n)$，则 $E[X-E(X)]^2$ 称为随机变量 X 的方差，记作 $D(X)$，即

$$D(X)=\sum_{k=1}^{n}[x_i-E(X)]^2\cdot p_k$$

定义 5 对连续型随机变量有

$$D(X)=\int_{-\infty}^{+\infty}[x-E(X)]^2f(x)\mathrm{d}x$$

其中 $f(x)$ 为 X 的概率密度函数.

为简化方差的计算，有以下关系式

$$D(X)=E(X^2)-[E(X)]^2$$

方差是描述随机变量取值分散程度的一个数字特征. 方差小，取值集中；方差大，取值分散.

6. **方差的性质**

方差具有如下性质：

(1) $D(C)=0$（C 为常数）；

(2) $D(CX)=C^2\cdot D(X)$；

(3) 若 X 与 Y 相互独立，则 $D(X+Y)=D(X)+D(Y)$；

推论 若随机变量 $X_1,X_2,\cdots,X_n$ 相互独立，则有 $D(\sum_{i=1}^{n}X_i)=\sum_{i=1}^{n}D(X_i)$；

(4) $D(X)=0$ 的充分必要条件是 X 以概率 1 取常数 C，即 $P(X=C)=1$.

为了便于查阅，现列出常用的分布及其数字特征见下表：

常用的分布及其数字特征表

分布名称	分布律或密度函数	数学期望	方差
两点分布 $X\sim(0-1)$	$P\{x=1\}=p, P\{x=0\}=1-p$ $(0<p<1,\ p+q=1)$	p	$p(1-p)$
二项分布 $X\sim B(n,p)$	$P\{X=k\}=C_n^k p^k q^{n-k}$ $(k=0,1,\cdots,n;q=1-p)$	np	npq
泊松分布 $X\sim P(\lambda)$	$P\{X=k\}=\dfrac{\lambda^k}{k!}e^{-\lambda}$ $(k=0,1,\cdots,n;\ \lambda>0)$	λ	λ
均匀分布 $X\sim U[a,b]$	$f(x)=\begin{cases}\dfrac{1}{b-a} & (a\leqslant x\leqslant b)\\ 0 & (\text{其他})\end{cases}$	$\dfrac{a+b}{2}$	$\dfrac{(b-a)^2}{12}$
指数分布	$f(x)=\begin{cases}\lambda e^{-\lambda x} & (x\geqslant 0)\\ 0 & (x<0)\end{cases}$	$\dfrac{1}{\lambda}$	$\dfrac{1}{\lambda^2}$
正态分布 $X\sim N(\mu,\sigma^2)$	$f(X)=\dfrac{1}{\sigma\sqrt{2\pi}}e^{-\frac{(x-\mu)^2}{2\sigma^2}}$	μ	σ^2

7. **矩**

定义 6　(1) 若 $E(X^k)(k=1,2,\cdots)$ 存在，称其为 X 的 k 阶原点矩，简称 k 阶矩，记作 a_k，即 $a_k=E(X^k)$.

对于离散型随机变量有 $a_k=\sum\limits_{i}^{\infty}x_i^k p(x_i)$，对于连续型随机变量有

$$a_k=\int_{-\infty}^{+\infty}x^k f(x)\mathrm{d}x$$

(2) 若 $E[X-E(X)]^k(k=1,2,\cdots)$ 存在，称其为 X 的 k 阶中心矩，记作 μ_k，即 $\mu_k=E[X-E(X)]^k$.

对于离散型随机变量有 $\mu_k=\sum\limits_{i}[x_i-E(X)]^k p(x_i)$，对于连续型随机变量有 $\mu_k=\int_{-\infty}^{+\infty}[x-E(X)]^k f(x)\mathrm{d}x$.

显然，$a_1=E(X)$，$\mu_2=D(X)$.

(3) 若 $E(X^kY^l)(k,l=1,2,\cdots)$ 存在，称其为 X 和 Y 的 $k+l$ 阶混合矩；

(4) 若 $E([X-E(X)]^k\cdot[Y-E(Y)]^l)(k,l=1,2,\cdots)$ 存在，称其为 X 和 Y 的 $k+l$ 阶混合中心矩.

8. **协方差及相关系数**

若 X 与 Y 相互独立，则必有 $E\{[X-E(X)][Y-E(Y)]\}=0$.

定义 7 设 (X,Y) 为二维随机变量，若 $E\{[X-E(X)][Y-E(Y)]\}$ 存在，则称其为随机变量 X 与 Y 的协方差，记作 $\text{cov}(X,Y)$，即

$$\text{cov}(X,Y)=E\{[X-E(X)][Y-E(Y)]\}$$

定义 8 当 $D(X)>0$，$D(Y)>0$ 时，称 $\rho_{XY}=\dfrac{\text{cov}(X,Y)}{\sqrt{D(X)}\sqrt{D(Y)}}$ 为随机变量 X 与 Y 的相关系数.

9. **大数定律**

定义 9 设 $X_1,X_2,\cdots,X_n,\cdots$ 是一个随机变量序列，a 为一个常数，若对于任意给定的正数 ε，有 $\lim\limits_{n\to\infty}P\{|X_n-a|<\varepsilon\}=1$，则称序列 $X_1,X_2,\cdots,X_n,\cdots$ 依概率收敛于 a，记作 $X_n\xrightarrow{P}a\ (n\to\infty)$.

定理 2 设 $X_n\xrightarrow{P}a$，$Y_n\xrightarrow{P}b$，又设函数 $g(x,y)$ 在点 (a,b) 处连续，则 $g(X_n,Y_n)\xrightarrow{P}g(a,b)$.

定理 3 设随机变量 X 的数学期望 $E(X)=\mu$、方差 $D(X)=\sigma^2$，则对于任意 $\varepsilon>0$，有

$$P\{|X-\mu|\geqslant\varepsilon\}\leqslant\frac{\sigma^2}{\varepsilon^2}$$

或

$$P\{|X-\mu|<\varepsilon\}\geqslant1-\frac{\sigma^2}{\varepsilon^2}$$

把上述不等式称为切比雪夫不等式.

定理 4（切比雪夫大数定律） 设 $X_1,X_2,\cdots,X_n,\cdots$ 是相互独立的随机变量序列，其数学期望和方差均存在，且存在常数 k，使 $D(X_i)\leqslant k(i=1,2,\cdots)$，则对任意 $\varepsilon>0$，有

$$\lim_{n\to\infty}P\left\{\left|\frac{1}{n}\sum_{i=1}^{n}X_i-\frac{1}{n}\sum_{i=1}^{n}E(X_i)\right|<\varepsilon\right\}=1$$

定理 5（伯努利大数定律） 设 n_A 是 n 重伯努利试验中事件 A 发生的次数，p 是事件 A 在每次试验中发生的概率，则对任意 $\varepsilon>0$，有

$$\lim_{n\to\infty}P\left\{\left|\frac{n_A}{n}-p\right|<\varepsilon\right\}=1\ \text{或}\ \lim_{n\to\infty}P\left\{\left|\frac{n_A}{n}-p\right|\geqslant\varepsilon\right\}=0$$

定理 6（辛钦大数定律） 设随机变量 $X_1,X_2,\cdots,X_n,\cdots$ 相互独立，服从同一分布，且具有数学期望 $E(X_i)=\mu(i=1,2,\cdots)$，则对任意 $\varepsilon>0$，有

$$\lim_{n\to\infty}P\left\{\left|\frac{1}{n}\sum_{i=1}^{n}X_i-\mu\right|<\varepsilon\right\}=1$$

10. **中心极限定理**

定理 7（独立同分布的中心极限定理） 设随机变量序列 $X_1,X_2,\cdots,X_n,\cdots$ 相互独立且服从同一分布，它们具有相同的数学期望和方差，$E(X_i)=\mu$，$D(X_i)=\sigma^2>0$，其中

$i=1,2,3,\cdots$，则

$$Y_n=\frac{\sum_{i=1}^{n}X_i-E(\sum_{i=1}^{n}X_i)}{\sqrt{D(\sum_{i=1}^{n}X_i)}}=\frac{\sum_{i=1}^{n}X_i-n\mu}{\sqrt{n}\sigma}$$

的分布函数 $F_n(x)$ 对任意 x 满足

$$\lim_{n\to\infty}F_n(x)=\lim_{n\to\infty}P\{Y_n\leqslant x\}=\lim_{n\to\infty}P\left\{\frac{\sum_{i=1}^{n}X_i-n\mu}{\sqrt{n}\sigma}\leqslant x\right\}=$$

$$\int_{-\infty}^{x}\frac{1}{\sqrt{2\pi}}e^{-\frac{t^2}{2}}dt=\Phi(x)$$

定理 8(棣莫弗—拉普拉斯中心极限定理)　设 $Y_n\sim B(n,p)$，则对于任意实数 x，有

$$\lim_{n\to\infty}P\left\{\frac{Y_n-np}{\sqrt{np(1-p)}}\leqslant x\right\}=\int_{-\infty}^{x}\frac{1}{\sqrt{2\pi}}e^{-\frac{t^2}{2}}dt=\Phi(x)$$

其中，$\Phi(x)$ 为标准正态分布函数.

4.2　典型题精解

例 1　设 ξ 的分布律为

ξ	1	2	3
P	0.1	0.7	0.2

求：(1)$\eta=\frac{1}{\xi}$；(2)$\eta=\xi^2+2$ 的数学期望.

解　按公式得

(1)$E(\eta)=E(\frac{1}{\xi})=1\times 0.1+\frac{1}{2}\times 0.7+\frac{1}{3}\times 0.2\approx 0.52$；

(2)$E(\eta)=E(\xi^2+2)=(1^2+2)\times 0.1+(2^2+2)\times 0.7+(3^2+2)\times 0.2=6.7$.

例 2　掷 20 个骰子，求这 20 个骰子出现的点数之和的数学期望.

解　设 ξ_i 为第 i 个骰子出现的点数，$i=1,2,\cdots,20$，那么 20 个骰子点数之和 ξ 为

$$\xi=\xi_1+\xi_2+\cdots+\xi_{20}$$

易知，ξ_i 有相同的分布律 $P\{\xi_i=k\}=\frac{1}{6}(k=1,2,3,4,5,6)$，所以

$$E(\xi_i)=\frac{1}{6}(1+2+3+4+5+6)=\frac{21}{6}\quad(i=1,2,\cdots,20)$$

于是

$$E(\xi)=E(\xi_1)+E(\xi_2)+\cdots+E(\xi_{20})=20\times\frac{21}{6}=70$$

例 3 假定国际市场上每年对我国某种出口商品需求量ξ是随机变量(单位:t),它服从[2 000, 4 000]上的均匀分布.如果售出1 t,可获利3万元,而积压1 t,需支付保管费及其他各种损失费用1万元,问应怎样决策才能使收益最大?

解 设每年生产该种商品 s t,$2\,000 \leqslant s \leqslant 4\,000$,收益 η 万元,则

$$\eta = f(\xi) = \begin{cases} 3s & (\xi \geqslant s) \\ 3\xi - (s - \xi) & (\xi < s) \end{cases}$$

即

$$\eta = f(\xi) = \begin{cases} 3s & (\xi \geqslant s) \\ 4\xi - s & (\xi < s) \end{cases}$$

又ξ服从[2 000, 4 000]上的均匀分布,所以ξ的密度函数为

$$\varphi(x) = \begin{cases} \dfrac{1}{2\,000} & (2\,000 \leqslant x \leqslant 4\,000) \\ 0 & (\text{其他}) \end{cases}$$

按公式,有

$$E(\eta) = E[f(\xi)] = \int_{-\infty}^{+\infty} f(x)\varphi(x)\mathrm{d}x = \frac{1}{2\,000}\int_{2\,000}^{s}(4x - s)\mathrm{d}x + \frac{1}{2\,000}\int_{s}^{4\,000} 3s\mathrm{d}x =$$

$$\frac{1}{1\,000}(-s^2 + 7\,000s - 4\,000\,000) \overset{\text{设}}{=} g(s)$$

于是

$$g'(s) = \frac{1}{1\,000}(-2s + 7\,000) \overset{\text{令}}{=} 0$$

解得 $s = 3\,500$;

又 $g''(x) = -\dfrac{1}{500} < 0$,故 $s = 3\,500$ 为最大值点.

即每年生产该种商品 3 500 t 时收益最大,这时可望获利 $g(3\,500) = 8\,250$(万元).

例 4 已知 $U \sim [0, 2\pi]$,求 $E(\sin\xi)$.

解 ξ的密度函数为 $f(x) = \begin{cases} \dfrac{1}{2\pi} & (0 \leqslant x \leqslant 2\pi) \\ 0 & (\text{其他}) \end{cases}$

按公式

$$E(\sin\xi) = \int_{-\infty}^{+\infty} \sin x \cdot f(x)\mathrm{d}x = \frac{1}{2\pi}\int_{0}^{2\pi} \sin x\mathrm{d}x = 0$$

例 5 袋中有n张卡片,编号为$1,2,\cdots,n$,从中有放回地抽出k张卡片,求所得号码之和的方差.

解 设 ξ_i 是第 i 次摸得的卡片号码,因为抽样是有放回的,所以 $\xi_1,\xi_2,\cdots,\xi_n$ 相互独立,按方差的性质,有

$$D(\xi_1 + \xi_2 + \cdots + \xi_n) = D(\xi_1) + D(\xi_2) + \cdots + D(\xi_n)$$

易知 ξ_i 的分布律均是 $P\{\xi_i = j\} = \dfrac{1}{n} \quad (j = 1, 2, \cdots, n)$,从而

$$D(\xi_i)=\frac{n^2-1}{12}$$

$$D(\xi_1+\xi_2+\cdots+\xi_k)=\frac{k(n^2-1)}{12}$$

例6　一个加法器同时收到20个噪声电压$U_k(k=1,2,\cdots,20)$.设它们是相互独立的随机变量,且都服从$[0,10]$上的均匀分布.记$U=\sum_{i=1}^{20}U_i$,求$P\{U>105\}$的近似值.

解　易知$E(U_k)=5,D(U_k)=\frac{100}{12}(k=1,2,\cdots,20)$,得

$$\xi=\frac{U-20\times 5}{\sqrt{20}\cdot\sqrt{\frac{100}{12}}}=\frac{U-100}{10\sqrt{\frac{5}{3}}}$$

近似服从正态分布$N(0,1)$,所以

$$P\{U>105\}=P\left\{\frac{U-100}{10\sqrt{\frac{5}{3}}}>\frac{5}{10\sqrt{\frac{5}{3}}}\right\}=$$

$$P\{\xi>0.387\}=1-P\{\xi\leqslant 0.387\}\approx$$

$$1-\Phi(0.387)=0.348$$

例7　根据蒙德尔遗传理论,红、黄两种番茄杂交后第二代红果植株和黄果植株的比率为3∶1.现在种植杂交种400株,试求黄果植株介于83和117之间的概率.

解　观察400株杂交种每株结什么果实,可以视为$n=400$次独立试验.结黄果的概率为$\frac{1}{4}$,结红果的概率为$\frac{3}{4}$.以μ_{400}表示400株中结黄果的株数,则所求概率为

$$P\{83<\mu_{400}<117\}\approx\Phi\left[\frac{117-400\times\frac{1}{4}}{\sqrt{400\times\frac{1}{4}\times\frac{3}{4}}}\right]-\Phi\left[\frac{83-400\times\frac{1}{4}}{\sqrt{400\times\frac{1}{4}\times\frac{3}{4}}}\right]=$$

$$\Phi(1.96)-\Phi(-1.96)=2\Phi(1.96)-1=$$

$$2\times 0.975-1=0.95$$

4.3　同步习题解析

习题4.1解答

1.设随机变量X的概率分布为

X	-1	0	1
P	0.3	0.4	0.3

求 $E(X)$，$E(X^2)$．

解 $$E(X)=-1\times0.3+0\times0.4+1\times0.3=0$$

$$E(X^2)=(-1)^2\times0.3+0^2\times0.4+1^2\times0.3=0.6$$

2. 某产品的次品率为 0.1，检验员每天检验 4 次，每次随机地取 10 件产品进行检验，如发现其中的次品数多于 1，就去调整设备，以 X 表示一天中调整设备的次数，试求 $E(X)$（设诸产品是否为次品是相互独立的）．

解 先求检验一次，决定需要调整设备的概率，设抽检出次品的件数为 Y，则 $Y\sim B(10,0.1)$，记需调整设备一次的概率为 p，则

$$p=P\{Y>1\}=1-P\{Y=0\}-P\{Y=1\}=$$
$$1-0.9^{10}-C_{10}^1\times0.9^9\times0.1=0.2639$$

又因各次检验结果相互独立，故

$$X\sim B(4,0.2639)$$

X 的分布律为

X	0	1	2	3	4
p_k	$(1-p)^4$	$4p(1-p)^3$	$6p^2(1-p)^2$	$4p^3(1-p)$	p^4

于是

$$E(X)=1\times4p(1-p)^3+2\times6p^2(1-p)^2+3\times4p^3(1-p)+4\times p^4=$$
$$4p=4\times0.2639=1.0556$$

注 若 $X\sim B(n,p)$，则 $E(X)=np$．

3. 设在某一规定的时间间隔里，某电气设备用于最大负荷的时间 X（单位：min）是一个随机变量，其概率密度为

$$f(x)=\begin{cases}\dfrac{1}{1500^2}x & (0\leqslant x\leqslant1500)\\ \dfrac{-1}{1500^2}(x-3000) & (1500<x\leqslant3000)\\ 0 & (\text{其他})\end{cases}$$

求 $E(X)$．

解 按连续型随机变量的数学期望的定义，有

$$E(X)=\int_{-\infty}^{+\infty}xf(x)\mathrm{d}x=$$
$$\int_{-\infty}^{0}xf(x)\mathrm{d}x+\int_{0}^{1500}xf(x)\mathrm{d}x+\int_{1500}^{3000}xf(x)\mathrm{d}x+\int_{3000}^{\infty}xf(x)\mathrm{d}x=$$
$$\int_{-\infty}^{0}x\cdot0\mathrm{d}x+\int_{0}^{1500}x\cdot\frac{x}{1500^2}\mathrm{d}x+\int_{1500}^{3000}x\cdot\frac{-(x-3000)}{1500^2}\mathrm{d}x+\int_{3000}^{\infty}x\cdot0\mathrm{d}x=$$
$$\frac{1}{1500^2}\frac{x^3}{3}\bigg|_0^{1500}+\frac{1}{1500^2}\left(3000\times\frac{x^2}{2}-\frac{x^3}{3}\right)\bigg|_{1500}^{3000}=1500(\text{min})$$

4. 设随机变量 X 的概率密度为

$$f(x)=\begin{cases} e^{-x} & (x>0) \\ 0 & (x\leqslant 0) \end{cases}$$

求:(1) $Y=2X$;(2) $Y=e^{-2X}$ 的数学期望.

(1) 由关于随机变量函数的数学期望的定理,知

$$E(Y)=E(2X)=\int_{-\infty}^{+\infty}2xf(x)\mathrm{d}x=$$

$$2\left(\int_{-\infty}^{0}x\cdot 0\mathrm{d}x+\int_{0}^{\infty}xe^{-x}\mathrm{d}x\right)=$$

$$2\left(-xe^{-x}\Big|_{0}^{\infty}+\int_{0}^{\infty}e^{-x}\mathrm{d}x\right)=-2e^{-x}\Big|_{0}^{\infty}=2$$

(2)

$$E(Y)=E(e^{-2X})=\int_{0}^{\infty}e^{-2x}\cdot e^{-x}\mathrm{d}x=\int_{0}^{\infty}e^{-3x}\mathrm{d}x=$$

$$\frac{-1}{3}e^{-3x}\Big|_{0}^{\infty}=\frac{1}{3}$$

5. 设随机变量 (X,Y) 的分布律为

Y \ X	1	2	3
−1	0.2	0.1	0
0	0.1	0	0.3
1	0.1	0.1	0.1

(1) 求 $E(X)$,$E(Y)$;

(2) 设 $Z=\dfrac{Y}{X}$,求 $E(Z)$;

(3) 设 $Z=(X-Y)^2$,求 $E(Z)$.

解　由关于随机变量函数的数学期望 $E[g(X,Y)]$ 的定理,得

(1) $E(X)=\sum_{i=1}^{3}\sum_{j=1}^{3}x_i p_{ij}=$

$1\times(0.2+0.1+0.1)+2\times(0.1+0+0.1)+3\times(0+0.3+0.1)=2$;

$E(Y)=\sum_{j=1}^{3}\sum_{i=1}^{3}y_j p_{ij}=$

$(-1)\times(0.2+0.1+0)+0\times(0.1+0+0.3)+1\times(0.1+0.1+0.1)=0$;

(2) $E(Z)=E\left(\dfrac{Y}{X}\right)=$

$$\frac{-1}{1}\times P\{X=1,Y=-1\}+\frac{-1}{2}\times P\{X=2,Y=-1\}+\frac{-1}{3}\times$$

$P\{X=3,Y=-1\}+\frac{0}{1}\times P\{X=1,Y=0\}+\frac{0}{2}\times P\{X=2,Y=0\}+\frac{0}{3}\times$

$P\{X=3,Y=0\}+\frac{1}{1}\times P\{X=1,Y=1\}+\frac{1}{2}\times P\{X=2,Y=1\}+\frac{1}{3}\times$

$P\{X=3,Y=1\}=$

$-0.2-0.05+0.1+0.05+\frac{0.1}{3}=-\frac{1}{15}$;

(3) $E(Z)=E[(X-Y)^2]=\sum_{j=1}^{3}\sum_{i=1}^{3}(x_i-y_j)^2 p_{ij}=$

$2^2\times 0.2+3^2\times 0.1+4^2\times 0+1^2\times 0.1+2^2\times 0+$

$3^2\times 0.3+0^2\times 0.1+1^2\times 0.1+2^2\times 0.1=5.$

6. 设随机变量 (X,Y) 的概率密度为

$$f(x,y)=\begin{cases}12y^2 & (0\leqslant y\leqslant x\leqslant 1)\\ 0 & (\text{其他})\end{cases}$$

求 $E(X),E(Y),E(XY),E(X^2+Y^2)$.

解 各数学期望均可按照 $E[g(X,Y)]=\int_{-\infty}^{+\infty}\int_{-\infty}^{+\infty}g(x,y)f(x,y)\mathrm{d}x\mathrm{d}y$ 计算. 因 $f(x,y)$ 仅在有限区域 $G:[(x,y)\mid 0\leqslant y\leqslant x\leqslant 1]$ 内不为零,故各数学期望均可化为在 G 上进行相应积分的计算.

$$E(X)=\int_{-\infty}^{+\infty}\int_{-\infty}^{+\infty}xf(x,y)\mathrm{d}x\mathrm{d}y=\iint_G x\cdot 12y^2\mathrm{d}x\mathrm{d}y=$$

$$\int_0^1\mathrm{d}x\int_0^x 12xy^2\mathrm{d}y=\frac{4}{5}$$

$$E(Y)=\iint_G y\cdot 12y^2\mathrm{d}x\mathrm{d}y=\int_0^1\mathrm{d}x\int_0^x 12y^3\mathrm{d}y=\frac{3}{5}$$

$$E(XY)=\iint_G xy\cdot 12y^2\mathrm{d}x\mathrm{d}y=\int_0^1\mathrm{d}x\int_0^x 12xy^3\mathrm{d}y=\frac{1}{2}$$

$$E(X^2+Y^2)=\iint_G(x^2+y^2)\cdot 12y^2\mathrm{d}x\mathrm{d}y=\int_0^1\mathrm{d}x\int_0^x 12(x^2y^2+y^4)\mathrm{d}y=\frac{16}{15}$$

7. 一工厂生产的某种设备的寿命 X(单位:年)服从指数分布,概率密度为

$$f(x)=\begin{cases}\frac{1}{4}\mathrm{e}^{-\frac{x}{4}} & (x>0)\\ 0 & (x\leqslant 0)\end{cases}$$

工厂规定,出售的设备若在售出一年之内损坏可予以调换,若工厂售出一台设备盈利 100 元,调换一台设备厂方需花费 300 元,试求厂方出售一台设备净盈利的数学期望.

解 一台设备在一年内调换的概率为

$$p=P\{X<1\}=\int_0^1\frac{1}{4}\mathrm{e}^{-\frac{x}{4}}\mathrm{d}x=-\mathrm{e}^{-\frac{x}{4}}\Big|_0^1=1-\mathrm{e}^{-\frac{1}{4}}$$

以 Y 记工厂售出一台设备的净盈利值，则 Y 的分布律

Y	100	100 − 300
p_k	$e^{-\frac{1}{4}}$	$1-e^{-\frac{1}{4}}$

故有

$$E(Y)=100\times e^{-\frac{1}{4}}-200\times(1-e^{-\frac{1}{4}})=$$
$$300e^{-\frac{1}{4}}-200=33.64(\text{元})$$

8. 某车间生产的圆盘直径在区间(10,20)上服从均匀分布，试求圆盘面积的数学期望.

解　设圆盘直径为 X，按题设 X 的概率密度为

$$f_X(x)=\begin{cases}\dfrac{1}{10} & (10<x<20)\\ 0 & (\text{其他})\end{cases}$$

故圆盘的面积 $A=\dfrac{1}{4}\pi X^2$ 的数学期望为

$$E\left(\frac{1}{4}\pi X^2\right)=\int_{10}^{20}\frac{1}{4}\pi x^2\times\frac{1}{10}\mathrm{d}x=\frac{\pi}{120}x^3\Big|_{10}^{20}=\frac{175\pi}{3}$$

9. 设随机变量 X_1,X_2 的概率密度分别为

$$f_1(x)=\begin{cases}2e^{-2x} & (x>0)\\ 0 & (x\leqslant 0)\end{cases},\quad f_2(x)=\begin{cases}4e^{-4x} & (x>0)\\ 0 & (x\leqslant 0)\end{cases}$$

(1) 求 $E(X_1+X_2)$，$E(2X_1-2X_2^2)$；

(2) 又设 X_1,X_2 相互独立，求 $E(X_1X_2)$.

解　若 X 服从以 θ 为参数的指数分布，其概率密度为

$$f(x)=\begin{cases}\dfrac{1}{\theta}e^{-\frac{x}{\theta}} & (x>0)\\ 0 & (\text{其他})\end{cases}$$

则 $E(X)=\int_{-\infty}^{\infty}xf(x)\mathrm{d}x=\int_0^{\infty}x\,\dfrac{1}{\theta}e^{-\frac{x}{\theta}}\mathrm{d}x$，令 $u=\dfrac{x}{\theta}$，得到

$$E(X)=\theta\int_0^{\infty}ue^{-u}\mathrm{d}u=\theta\Gamma(2)=\theta\Gamma(1)=\theta$$

$$E(X^2)=\int_{-\infty}^{\infty}x^2f(x)\mathrm{d}x=\int_0^{\infty}x^2\,\frac{1}{\theta}e^{-\frac{x}{\theta}}\mathrm{d}x=$$
$$\theta^2\int_0^{\infty}u^2e^{-u}\mathrm{d}u=\theta^2\Gamma(3)=$$
$$\theta^2\cdot 2\Gamma(2)=\theta^2\cdot 2\Gamma(1)=2\theta^2$$

故 $E(X_1)=\dfrac{1}{2}$，$E(X_2)=\dfrac{1}{4}$，$E(X_2^2)=2\times\left(\dfrac{1}{4}\right)^2=\dfrac{1}{8}$，于是

(1) 由数学期望的性质，有

$$E(X_1+X_2)=E(X_1)+E(X_2)=\frac{3}{4}$$

$$E(2X_1-2X_2^2)=2E(X_1)-2E(X_2^2)=\frac{3}{4}$$

(2) 因 X_1,X_2 相互独立,由数学期望的性质,有

$$E(X_1X_2)=E(X_1)E(X_2)=\frac{1}{2}\times\frac{1}{4}=\frac{1}{8}$$

习题 4.2 解答

1. 设甲、乙两台机床同时加工某种型号的零件,每生产 100 件出次品的概率分布为

甲机床次品数:

X	0	1	2	3
P	0.7	0.2	0.06	0.04

乙机床次品数:

Y	0	1	2	3
P	0.8	0.06	0.04	0.1

问哪一台机床的加工质量较好.

解

$$E(X)=0\times0.7+1\times0.2+2\times0.06+3\times0.04=0.44$$

$$E(Y)=0\times0.8+1\times0.06+2\times0.04+3\times0.1=0.44$$

$$E(X^2)=0^2\times0.7+1^2\times0.2+2^2\times0.06+3^2\times0.04=0.8$$

$$E(Y^2)=0^2\times0.8+1^2\times0.06+2^2\times0.04+3^2\times0.1=1.12$$

$$D(X)=E(X^2)-[E(X)]^2=0.606\ 4$$

$$D(Y)=E(Y^2)-[E(Y)]^2=0.926\ 4$$

因为 $D(X)<D(Y)$,故甲机床的加工质量较好.

2. 设某批产品共有 20 件,其中 4 件为次品,其余为合格品,从这批产品中任取 3 件,求这 3 件中所取次品个数 X 的数学期望和方差.

解 X 的分布律为

X	0	1	2	3
P	$\frac{28}{57}$	$\frac{8}{19}$	$\frac{8}{95}$	$\frac{1}{285}$

因此

$$E(X)=0\times\frac{28}{57}+1\times\frac{8}{19}+2\times\frac{8}{95}+3\times\frac{1}{285}=0.6$$

$$E(X^2)=0^2\times\frac{28}{57}+1^2\times\frac{8}{19}+2^2\times\frac{8}{95}+3^2\times\frac{1}{285}\approx 0.7895$$

所以

$$D(X)=E(X^2)-[E(X)]^2\approx 0.7895-0.6^2\approx 0.4295$$

3.设随机变量 X 的密度函数为

$$f(x)=\begin{cases}1+x & (-1\leqslant x\leqslant 0)\\ 1-x & (0\leqslant x\leqslant 1)\\ 0 & (\text{其他})\end{cases}$$

求 $E(X)$ 和 $D(X)$.

解

$$E(X)=\int_{-\infty}^{+\infty}xf(x)\mathrm{d}x=\int_{-1}^{0}x(1+x)\mathrm{d}x+\int_{0}^{1}x(1-x)\mathrm{d}x=0$$

$$E(X^2)=\int_{-\infty}^{+\infty}x^2f(x)\mathrm{d}x=\int_{-1}^{0}x^2(1+x)\mathrm{d}x+\int_{0}^{1}x^2(1-x)\mathrm{d}x=\frac{1}{6}$$

$$D(X)=E(X^2)-[E(X)]^2=\frac{1}{6}$$

4.已知随机变量 $X\sim B(n,p)$,且 $E(X)=12,D(X)=8$,求 n,p.

解　由于随机变量 $X\sim B(n,p)$,可知

$$E(X)=np,\quad D(X)=np(1-p)$$

因此有$\begin{cases}np=12\\ np(1-p)=8\end{cases}$,解得$\begin{cases}n=36\\ p=\dfrac{1}{3}\end{cases}$.

5.已知 $X\sim N(1,2)$,$Y\sim N(2,4)$,且 X 与 Y 相互独立,求:

(1)$E(X+2Y+1)$;

(2)$D(2X-3Y)$.

解　(1)$E(X+2Y+1)=E(X)+2E(Y)+1=1+2\times 2+1=6$;

(2)$D(2X-3Y)=4D(X)+9D(Y)=4\times 2+9\times 4=44$.

6.盒中有 7 个球,其中 4 个白球,3 个黑球,从中任抽 3 个球,求抽到白球数 X 的数学期望 $E(X)$ 和方差 $D(X)$.

解　根据题意有

X	0	1	2	3
p_k	$\frac{1}{35}$	$\frac{12}{35}$	$\frac{18}{35}$	$\frac{4}{35}$

故

$$E(X)=\sum_{k=0}^{3}x_kp_k=0\times\frac{1}{35}+1\times\frac{12}{35}+2\times\frac{18}{35}+3\times\frac{4}{35}=\frac{12}{7}$$

$$E(X^2)=\sum_{k=0}^{3}x_k^2p_k=0^2\times\frac{1}{35}+1^2\times\frac{12}{35}+2^2\times\frac{18}{35}+3^2\times\frac{4}{35}=\frac{24}{7}$$

$$D(X)=E(X^2)-[E(X)]^2=\frac{24}{7}-\left(\frac{12}{7}\right)^2=\frac{24}{49}$$

7.设长方形的长(单位:m)$X\sim U(0,2)$,已知长方形的周长(单位:m)为 20,求长方形面积的数学期望和方差.

解 长方形的长为 X,周长为 20,所以它的面积 A 为

$$A=X(10-X)$$

由于 $X\sim U(0,2)$,则 X 的概率密度为

$$f_X(x)=\begin{cases}\frac{1}{2} & (0<x<2)\\ 0 & (\text{其他})\end{cases}$$

所以

$$E(A)=E[X(10-X)]=\int_0^2 x(10-x)\cdot\frac{1}{2}\mathrm{d}x=$$

$$\left(\frac{5}{2}x^2-\frac{1}{6}x^3\right)\Big|_0^2=\frac{26}{3}$$

$$E(A^2)=E[X^2(10-X)^2]=\int_0^2 x^2(10-x)^2\cdot\frac{1}{2}\mathrm{d}x=$$

$$\frac{1}{2}\int_0^2(100x^2-20x^3+x^4)\mathrm{d}x=\frac{1\,448}{15}$$

$$D(A)=E(A^2)-[E(A)]^2=\frac{1\,448}{15}-\left(\frac{26}{3}\right)^2\approx 21.42$$

8.设随机变量 X_1,X_2,X_3,X_4 相互独立,且有 $E(X_i)=i,D(X_i)=5-i(i=1,2,3,4)$,设 $Y=2X_1-X_2+3X_3-\frac{1}{2}X_4$,求 $E(Y),D(Y)$.

解 $E(Y)=E(2X_1-X_2+3X_3-\frac{1}{2}X_4)=$

$$2E(X_1)-E(X_2)+3E(X_3)-\frac{1}{2}E(X_4)=$$

$$2\times 1-2+3\times 3-\frac{1}{2}\times 4=7$$

因为 X_1,X_2,X_3,X_4 相互独立,故有

$$D(Y)=D(2X_1-X_2+3X_3-\frac{1}{2}X_4)=$$

$$4D(X_1)+D(X_2)+9D(X_3)+\frac{1}{4}D(X_4)=$$

$$4\times 4+3+9\times 2+\frac{1}{4}\times 1=37.25$$

9.设排球队 A 与 B 比赛,若有一队胜 4 场,则比赛宣告结束,假设 A,B 在每场比赛中获胜的概率均为$\frac{1}{2}$,试求平均需比赛几场才能分出胜负?

解　设需要比赛场数为 X,则 X 的可能取值为 4,5,6,7.

$$P\{X=4\}=\left(\frac{1}{2}\right)^4+\left(\frac{1}{2}\right)^4=\frac{1}{8}$$

$$P\{X=5\}=\frac{1}{2}C_4^3\left(\frac{1}{2}\right)^3\times\frac{1}{2}+\frac{1}{2}C_4^3\left(\frac{1}{2}\right)\times\left(\frac{1}{2}\right)^3=\frac{1}{4}$$

$$P\{X=6\}=\frac{1}{2}C_5^3\left(\frac{1}{2}\right)^3\times\frac{1}{2}+\frac{1}{2}C_5^3\left(\frac{1}{2}\right)^2\times\left(\frac{1}{2}\right)^3=\frac{5}{16}$$

$$P\{X=7\}=\frac{1}{2}C_6^3\left(\frac{1}{2}\right)^3\left(\frac{1}{2}\right)^3+\frac{1}{2}C_6^3\left(\frac{1}{2}\right)^3\left(\frac{1}{2}\right)^3=\frac{5}{16}$$

所以

$$E(X)=4\times\frac{1}{8}+5\times\frac{1}{4}+6\times\frac{5}{16}+7\times\frac{5}{16}\approx 5.8(\text{场})$$

所以平均需要比赛 6 场.

10. 设二维连续型随机变量 (X,Y) 的联合概率密度为

$$f(x,y)=\begin{cases}k & (0<x<1,0<y<x)\\ 0 & (\text{其他})\end{cases}$$

求:(1) 常数 k;

(2) $E(XY)$ 及 $D(XY)$.

解　(1) 因为 $\int_{-\infty}^{+\infty}\int_{-\infty}^{+\infty}f(x,y)\mathrm{d}x\mathrm{d}y=\int_0^1\mathrm{d}x\int_0^x k\mathrm{d}y=\frac{1}{2}k=1$,所以 $k=2$.

(2)

$$E(XY)=\int_{-\infty}^{+\infty}\int_{-\infty}^{+\infty}xyf(x,y)\mathrm{d}x\mathrm{d}y=\int_0^1 x\mathrm{d}x\int_0^x 2y\mathrm{d}y=\frac{1}{4}$$

$$E[(XY)^2]=\int_{-\infty}^{+\infty}\int_{-\infty}^{+\infty}x^2y^2f(x,y)\mathrm{d}x\mathrm{d}y=\int_0^1 x^2\mathrm{d}x\int_0^x 2y^2\mathrm{d}y=\frac{1}{9}$$

所以

$$D(XY)=E[(XY)^2]-[E(XY)]^2=\frac{7}{144}$$

习题 4.3 解答

1. 设随机变量 (X,Y) 的分布律为

Y \ X	-1	0	1
-1	$\frac{1}{8}$	$\frac{1}{8}$	$\frac{1}{8}$
0	$\frac{1}{8}$	0	$\frac{1}{8}$
1	$\frac{1}{8}$	$\frac{1}{8}$	$\frac{1}{8}$

验证 X 和 Y 是不相关的,但 X 和 Y 不是相互独立的.

证明 先求出边缘分布律如下：

X	-1	0	1
p_k	$\frac{3}{8}$	$\frac{2}{8}$	$\frac{3}{8}$

Y	-1	0	1
p_k	$\frac{3}{8}$	$\frac{2}{8}$	$\frac{3}{8}$

易见 $P\{X=0,Y=0\}=0\neq P\{X=0\}P\{Y=0\}$，故 X,Y 不是相互独立的，又知 X,Y 具有相同的分布律，且有

$$E(X)=E(Y)=(-1)\times\frac{3}{8}+1\times\frac{3}{8}=0$$

又

$$E(XY)=\sum_{j=1}^{3}\sum_{i=1}^{3}x_iy_jp_{ij}=$$

$$(-1)(-1)\times\frac{1}{8}+(-1)\times1\times\frac{1}{8}+1\times(-1)\times\frac{1}{8}+1\times1\times\frac{1}{8}=0$$

即有 $E(XY)=E(X)E(Y)$，故 X,Y 是不相关的.

2.设随机变量 (X,Y) 具有概率密度

$$f(x,y)=\begin{cases}1 & (|y|<x,0<x<1)\\ 0 & (\text{其他})\end{cases}$$

求 $E(X),E(Y),\text{cov}(X,Y)$.

解 注意到 $f(x,y)$ 只在区域 $G:\{(x,y)\mid |y|<x,0<x<1\}$ 上不等于零，故有

$$E(X)=\int_{-\infty}^{+\infty}\int_{-\infty}^{+\infty}xf(x,y)\mathrm{d}x\mathrm{d}y=\iint_G x\,\mathrm{d}x\mathrm{d}y=$$

$$\int_0^1\mathrm{d}x\int_{-x}^{x}x\,\mathrm{d}y=\int_0^1 2x^2\,\mathrm{d}x=\frac{2}{3}$$

$$E(Y)=\int_{-\infty}^{+\infty}\int_{-\infty}^{+\infty}yf(x,y)\mathrm{d}x\mathrm{d}y=\iint_G y\,\mathrm{d}x\mathrm{d}y=\int_0^1\mathrm{d}x\int_{-x}^{x}y\,\mathrm{d}y=0$$

$$E(XY)=\int_{-\infty}^{+\infty}\int_{-\infty}^{+\infty}xyf(x,y)\mathrm{d}x\mathrm{d}y=\iint_G xy\,\mathrm{d}x\mathrm{d}y=\int_0^1\mathrm{d}x\int_{-x}^{x}xy\,\mathrm{d}y=0$$

$$\text{cov}(X,Y)=E(XY)-E(X)E(Y)=0$$

3.设随机变量 (X,Y) 具有概率密度

$$f(x,y)=\begin{cases}\frac{1}{8}(x+y) & (0\leqslant x\leqslant 2,0\leqslant y\leqslant 2)\\ 0 & (\text{其他})\end{cases}$$

求 $E(X),E(Y),\mathrm{cov}(X,Y),\rho_{XY},D(X+Y)$.

解　注意到 $f(x,y)$ 只在区域 $G:\{(x,y)\mid 0\leqslant x\leqslant 2,0\leqslant y\leqslant 2\}$ 上不等于零,故有

$$E(X)=\int_{-\infty}^{+\infty}\int_{-\infty}^{+\infty}xf(x,y)\mathrm{d}x\mathrm{d}y=\int_0^2\mathrm{d}x\int_0^2\frac{x}{8}(x+y)\mathrm{d}y=$$

$$\int_0^2\frac{x}{8}\left(xy+\frac{1}{2}y^2\right)\Big|_0^2\mathrm{d}x=\int_0^2\frac{x}{4}(x+1)\mathrm{d}x=\frac{7}{6}$$

$$E(X^2)=\int_{-\infty}^{+\infty}\int_{-\infty}^{+\infty}x^2f(x,y)\mathrm{d}x\mathrm{d}y=\int_0^2\mathrm{d}x\int_0^2\frac{x^2}{8}(x+y)\mathrm{d}y=$$

$$\frac{1}{8}\int_0^2x^2\left(xy+\frac{1}{2}y^2\right)\Big|_0^2\mathrm{d}x=\frac{1}{4}\int_0^2(x^3+x^2)\mathrm{d}x=\frac{5}{3}$$

$$E(XY)=\int_{-\infty}^{+\infty}\int_{-\infty}^{+\infty}xyf(x,y)\mathrm{d}x\mathrm{d}y=\int_0^2\mathrm{d}x\int_0^2\frac{xy}{8}(x+y)\mathrm{d}y=$$

$$\frac{1}{4}\int_0^2\left(x^2+\frac{4x}{3}\right)\mathrm{d}x=\frac{4}{3}$$

由 x,y 在 $f(x,y)$ 的表达式中的对称性(即在表达式 $f(x,y)$ 中将 x 和 y 互换,表达式不变)得

$$E(Y)=E(X)=\frac{7}{6},\quad E(Y^2)=E(X^2)=\frac{5}{3}$$

且有

$$D(Y)=D(X)=E(X^2)-[E(X)]^2=\frac{5}{3}-\left(\frac{7}{6}\right)^2=\frac{11}{36}$$

而

$$\mathrm{cov}(X,Y)=E(XY)-E(X)E(Y)=\frac{4}{3}-\frac{49}{36}=-\frac{1}{36}$$

$$\rho_{XY}=\frac{\mathrm{cov}(X,Y)}{\sqrt{D(X)}\sqrt{D(Y)}}=-\frac{1}{11}$$

$$D(X+Y)=D(X)+D(Y)+2\mathrm{cov}(X,Y)=\frac{5}{9}$$

4. 设二维随机变量(X,Y)的概率密度为

$$f(x,y)=\begin{cases}\dfrac{1}{\pi} & (x^2+y^2\leqslant 1)\\ 0 & (\text{其他})\end{cases}$$

试验证 X 和 Y 是不相关的,但 X 和 Y 不是相互独立的.

证明　$E(X)=\int_{-\infty}^{+\infty}\int_{-\infty}^{+\infty}xf(x,y)\mathrm{d}x\mathrm{d}y=\iint\limits_{x^2+y^2\leqslant 1}\frac{x}{\pi}\mathrm{d}x\mathrm{d}y=$

$$\frac{1}{\pi}\int_{-1}^{1}\mathrm{d}y\int_{-\sqrt{1-y^2}}^{\sqrt{1-y^2}}x\mathrm{d}x=0$$

同样

$$E(Y)=\int_{-\infty}^{+\infty}\int_{-\infty}^{+\infty}yf(x,y)\mathrm{d}x\mathrm{d}y=\iint\limits_{x^2+y^2\leqslant 1}\frac{y}{\pi}\mathrm{d}x\mathrm{d}y=0$$

而

$$E(XY)=\int_{-\infty}^{+\infty}\int_{-\infty}^{+\infty}xyf(x,y)\mathrm{d}x\mathrm{d}y=\iint\limits_{x^2+y^2\leqslant 1}\frac{xy}{\pi}\mathrm{d}x\mathrm{d}y=\frac{1}{\pi}\int_{-1}^{1}y\mathrm{d}y\int_{-\sqrt{1-y^2}}^{\sqrt{1-y^2}}x\mathrm{d}x=0$$

从而

$$E(XY)=E(X)E(Y)$$

这表明 X,Y 是不相关的，又

$$f_X(x)=\int_{-\infty}^{+\infty}f(x,y)\mathrm{d}y=\begin{cases}\int_{-\sqrt{1-x^2}}^{\sqrt{1-x^2}}\frac{1}{\pi}\mathrm{d}y=\frac{2}{\pi}\sqrt{1-x^2} & (-1<x<1)\\ 0 & (\text{其他})\end{cases}$$

同样

$$f_Y(y)=\begin{cases}\frac{2}{\pi}\sqrt{1-y^2} & (-1<y<1)\\ 0 & (\text{其他})\end{cases}$$

显然 $f_X(x)f_Y(y)\neq f(x,y)$，故 X,Y 不是相互独立的.

5. 设随机变量 X 的概率密度为 $f(x)=\frac{1}{2}\mathrm{e}^{-|x|}(-\infty<x<+\infty)$.

证明：(1)$E(X)=0,D(X)=2$；(2)X 与 $|X|$ 不相互独立；(3)X 与 $|X|$ 的协方差为零，X 与 $|X|$ 不相关.

证明 (1)

$$E(X)=\frac{1}{2}\int_{-\infty}^{+\infty}x\mathrm{e}^{-|x|}\mathrm{d}x=0$$

$$E(X^2)=\frac{1}{2}\int_{-\infty}^{+\infty}x^2\mathrm{e}^{-|x|}\mathrm{d}x=\int_{0}^{+\infty}x^2\mathrm{e}^{-x}\mathrm{d}x=-\left[x^2\mathrm{e}^{-x}\Big|_0^{+\infty}-2\int_0^{+\infty}x\mathrm{e}^{-x}\mathrm{d}x\right]=$$

$$2\int_0^{+\infty}x\mathrm{e}^{-x}\mathrm{d}x=-2[x\mathrm{e}^{-x}|_0^{+\infty}-\int_0^{+\infty}\mathrm{e}^{-x}\mathrm{d}x]=-2\,\mathrm{e}^{-x}|_0^{+\infty}=2$$

所以 $D(X)=E(X^2)-[E(X)]^2=2-0^2=2$.

(2)$\forall_0<a<+\infty$(实数)有$\{|X|<a\}\subset\{X<a\}$，且 $P\{X\leqslant a\}<1,P\{X<a\}>0$，故 $P\{|X|<a,X\leqslant a\}=P\{|X|\leqslant a\}\neq P\{X\leqslant x\}P\{|X|\leqslant x\}$ 且 $P\{X\leqslant a\}P\{|X|<a\}\subset P\{|X|<a\}$，所以 X 与 $|X|$ 不独立.

(3)$\mathrm{cov}(X,|X|)=E(X|X|)-E(X)\cdot E|X|=$

$$E(X|X|)=\frac{1}{2}\int_{-\infty}^{+\infty}x|x|\mathrm{e}^{-|x|}\mathrm{d}x=0$$

所以 $\rho_{X|X|}=0$，所以 X 与 $|X|$ 不相关.

习题 4.4 解答

随机地掷 6 颗骰子，利用切比雪夫不等式估计 6 颗骰子的点数之和在 15～27 点之间的概率.

解　设 X_i 表示第 $i(i=1,2,3,4,5,6)$ 颗骰子出现的点数，X 表示 6 颗骰子的点数之和，显然有 $X_i(i=1,2,3,4,5,6)$ 相互独立，$X=X_1+X_2+X_3+X_4+X_5+X_6$，$P\{X_i=k\}=\frac{1}{6}(k=1,2,3,4,5,6)$，于是

$$E(X_i)=\frac{1}{6}(1+2+3+4+5+6)=\frac{7}{2}$$

$$D(X_i)=\frac{1}{6}(1^2+2^2+3^2+4^2+5^2+6^2)-\left(\frac{7}{2}\right)^2=\frac{35}{12}$$

$$E(X)=E(X_1+X_2+X_3+X_4+X_5+X_6)=21$$

$$D(X)=D(X_1+X_2+X_3+X_4+X_5+X_6)=\frac{35}{2}$$

由切比雪夫不等式得

$$P\{15<X<27\}=P\{|X-21|<6\}\geqslant 1-\frac{D(X)}{6^2}=\frac{37}{72}$$

习题 4.5 解答

1. 据以往经验，某种电器元件的寿命服从均值为 100 h 的指数分布，现随机地抽取 16 只，设它们的寿命是相互独立的，求这 16 只元件的寿命的总和大于 1 920 h 的概率.

解　以 $X_i(i=1,2,\cdots,16)$ 记第 i 只元件的寿命；以 T 记 16 只元件寿命的总和，$T=\sum_{i=1}^{16}X_i$. 根据题意有 $E(X_i)=100$，$D(X_i)=100^2$，由中心极限定理知 $\frac{T-16\times 100}{\sqrt{16}\sqrt{100^2}}$ 近似地服从 $N(0,1)$ 分布，故所求概率为

$$\begin{aligned}P\{T>1\ 920\}&=1-P\{T\leqslant 1\ 920\}=\\&1-P\left\{\frac{T-16\times 100}{\sqrt{16}\sqrt{100^2}}\leqslant\frac{1\ 920-16\times 100}{\sqrt{16}\sqrt{100^2}}\right\}\approx\\&1-\Phi\left(\frac{1\ 920-1\ 600}{400}\right)=1-\Phi(0.8)=1-0.788\ 1=0.211\ 9\end{aligned}$$

2. (1) 一保险公司有 10 000 个汽车投保人，每个投保人索赔金额的数学期望为 280 美元，标准差为 800 美元，求索赔总金额超过 2 700 000 美元的概率；

(2) 一公司有 50 张签约保险单，各张保险单的索赔金额为 $X_i(i=1,2,\cdots,50)$(单位：千美元)，服从韦布尔(Weibull)分布，均值 $E(X_i)$ 为 5，方差 $D(X_i)$ 为 6，求 50 张保险单索赔的合计金额大于 300 的概率(设各保险单索赔金额是相互独立的).

解　(1) 记第 i 人的索赔金额为 X_i，则由已知条件得

$$E(X_i)=280,\quad D(X_i)=800^2$$

要计算

$$p_1=P\left\{\sum_{i=1}^{10\ 000}X_i>2\ 700\ 000\right\}$$

因各投保人索赔金额是相互独立的，$n=10\ 000$ 很大，故由中心极限定理，近似地有

$$\bar{X}=\frac{1}{10\ 000}\sum_{i=1}^{10\ 000}X_i\sim N\left(280,\frac{800^2}{100^2}\right)$$

故

$$p_1=P\{\bar{X}>270\}\approx 1-\Phi\left(\frac{270-280}{8}\right)=1-\Phi\left(-\frac{5}{4}\right)=$$

$$\Phi\left(\frac{5}{4}\right)=\Phi(1.25)=0.894\ 4$$

(2) $E(X_i)=5, D(X_i)=6, n=50$，故

$$p=P\left\{\sum_{i=1}^{50}X_i>300\right\}\approx 1-\Phi\left(\frac{300-50\times 5}{\sqrt{50\times 6}}\right)=$$

$$1-\Phi\left(\frac{50}{\sqrt{300}}\right)=1-\Phi(2.89)=0.001\ 9$$

这与情况(1) 相反，(1) 的概率为 0.894 4，表明可能性很大，而(2) 表明可能性太小了，50 张保险索赔的合计金额大于 300 的只有一次.

3. 一工人修理一台机器分两个阶段，第一个阶段所需时间（单位：h），服从均值为 0.2 的指数分布，第二个阶段服从均值为 0.3 的指数分布，且与第一个阶段独立，现有 20 台机器需要修理，求他在 8 h 内完成的概率.

解 设修理第 $i(i=1,2,\cdots,20)$ 台机器，第一个阶段耗时为 X_i，第二个阶段耗时为 Y_i，则共耗时 $Z_i=X_i+Y_i$，今已知 $E(X_i)=0.2, E(Y_i)=0.3$，故 $E(Z_i)=0.5, D(Z_i)=D(X_i)+D(Y_i)=0.2^2+0.3^2=0.13$，20 台机器需要修理的时间可认为近似地服从正态分布，即有

$$\sum_{i=1}^{20}Z_i\sim N(20\times 0.5, 20\times 0.13)=N(10,2.6)$$

所求概率

$$p=P\left\{\sum_{i=1}^{20}Z_i\leqslant 8\right\}\approx\Phi\left(\frac{8-20\times 0.5}{\sqrt{20\times 0.13}}\right)=$$

$$\Phi\left(-\frac{2}{1.612\ 5}\right)=\Phi(-1.24)=0.107\ 5$$

即不大可能在 8 h 内完成全部工作.

4. 设供电网有 1 000 盏电灯，夜晚每盏电灯开灯的概率均为 0.7，并且彼此开闭与否相互独立，试用切比雪夫不等式和中心极限定理分别估计夜晚同时开灯数在 680 到 720 之间的概率.

解 (1) $P\{6\ 800<X<7\ 200\}=P\{|X-700|<200\}\geqslant 1-\dfrac{2\ 100}{200^2}=0.947\ 5.$

(2) 由于 n 非常大，$X\sim N(700, 2\ 100)$，所以

$$P\{6\ 800<X<7\ 200\}=P\left\{\frac{|X-700|}{\sqrt{2\ 100}}<\frac{200}{\sqrt{2\ 100}}\right\}\approx 0.832\ 4$$

5. 一系统是由 n 个相互独立起作用的部件组成，每个部件正常工作的概率为 0.9，且必须至少有 80% 的部件正常工作，系统才能正常工作，问 n 至少为多大时，才能使系统正常工作的概率不低于 0.95？

解　设 n 个部件有 X 个工作，所以 $X \sim B(n, 0.9)$，依据题意

$$P\{X \geqslant 0.8n\} \geqslant 0.95$$

$$P\{X \geqslant 0.8n\} = 1 - P\{X < 0.8n\} = 1 - P\left\{\frac{X-np}{\sqrt{npq}} < \frac{0.8n-np}{\sqrt{npq}}\right\} =$$

$$1 - \Phi\left(\frac{0.8n-np}{\sqrt{npq}}\right) = 1 - \Phi\left(-\frac{\sqrt{n}}{3}\right) = \Phi\left(\frac{\sqrt{n}}{3}\right) \geqslant 0.95$$

当 $\Phi\left(\frac{\sqrt{n}}{3}\right) = 0.95$ 时，查表得 $\frac{\sqrt{n}}{3} = 1.645$，解得 $n \approx 24.35$，所以取 $n = 25$.

6. 甲、乙两电影院在竞争 1 000 名观众，假设每位观众在选择时是随机的，且彼此相互独立，问甲至少应设多少个座位，才能使观众因无座位而离去的概率小于 1%.

解　设甲电影院设 M 个座位，则

$$X_i = \begin{cases} 1 & (\text{第 } i \text{ 个观众选甲电影院}) \\ 0 & (\text{第 } i \text{ 个观众选乙电影院}) \end{cases}$$

则甲电影院的观众数为 $X = \sum_{i=1}^{1\,000} X_i$，又

$$\mu = E(X_i) = \frac{1}{2}$$

$$\sigma^2 = D(X_i) = \frac{1}{4}(i = 1, 2, \cdots, 1\,000), \quad n = 1\,000, \quad n\mu = 500, \quad \sqrt{n}\sigma = 5\sqrt{10}$$

由独立同分布的中心极限定理

$$P\{X \leqslant M\} = P\left\{\frac{X-500}{5\sqrt{10}} \leqslant \frac{M-500}{5\sqrt{10}}\right\} = \Phi\left(\frac{M-500}{5\sqrt{10}}\right) \geqslant 99\%$$

查表得

$$\frac{M-500}{5\sqrt{10}} = 2.33$$

所以

$$M \geqslant 500 + 2.33 \times 5\sqrt{10} \approx 536.84 \approx 537$$

故甲电影院应设 537 个座位才能符合需要.

7. 对于一个学校而言，来参加家长会的家长人数是一个随机变量，设一个学生无家长，1 名家长，2 名家长来参加会议的概率分别为 0.05，0.8，0.15. 若学校共有 400 名学生，设各学生参加会议的家长数相互独立，且服从同一分布.

(1) 求参加会议的家长数 X 超过 450 的概率；

(2) 求有 1 名家长来参加会议的学生数不多于 340 的概率.

解 (1) 设 X_k 代表每个学生的参加会议的家长数，其分布律为

X_k	0	1	2
p_k	0.05	0.8	0.15

$$E(X_k)=0\times 0.05+1\times 0.8+2\times 0.15=1.1$$
$$E(X_k^2)=0^2\times 0.05+1^2\times 0.8+2^2\times 0.15=1.4$$
$$D(X_k)=E(X_k^2)-[E(X_k)]^2=1.4-1.1^2=0.19$$

令 $X=\sum\limits_{k=1}^{400}X_k$，即求

$$X=\sum_{k=1}^{400}X_k>450$$

而 $\dfrac{\sum\limits_{k=1}^{400}X_k-400\times 1.1}{\sqrt{400}\sqrt{0.19}}=\dfrac{X-400\times 1.1}{\sqrt{400}\sqrt{0.19}}$ 近似服从 $N(0,1)$，故

$$P\{X>450\}=P\left\{\frac{X-400\times 1.1}{\sqrt{400}\sqrt{0.19}}>\frac{450-400\times 1.1}{\sqrt{400}\sqrt{0.19}}\right\}=$$
$$1-P\left\{\frac{X-400\times 1.1}{\sqrt{400}\sqrt{0.19}}\leqslant 1.147\right\}=$$
$$1-\Phi(1.147)=0.125\ 7$$

(2) 以 Y 记有一名家长参加的学生人数，则 $Y\sim B(400,0.8)$

$$P\{Y\leqslant 340\}=P\left\{\frac{Y-400\times 0.8}{\sqrt{400\times 0.8\times 0.2}}\leqslant\frac{340-400\times 0.8}{\sqrt{400\times 0.8\times 0.2}}\right\}=$$
$$P\left\{\frac{Y-400\times 0.8}{\sqrt{400\times 0.8\times 0.2}}\leqslant 2.5\right\}=\Phi(2.5)=0.993\ 8$$

8. 一食品店有三种蛋糕出售，由于售出哪一种蛋糕是随机的，因而售出一个蛋糕的价格是一个随机变量，它取 1 元、1.2 元、1.5 元各个值的概率分别为 0.3，0.2，0.5，若售出 300 个蛋糕.

(1) 求收入至少为 400 元的概率；

(2) 求售出价格为 1.2 元的蛋糕多于 60 个的概率.

解 设第 i 个蛋糕的价格为 $X_i(i=1,2,\cdots,300)$，则 X_i 的分布律为

X_i	1	1.2	1.5
p_i	0.3	0.2	0.5

由此得

$$E(X_i)=1\times 0.3+1.2\times 0.2+1.5\times 0.5=1.29$$
$$E(X_i^2)=1^2\times 0.3+1.2^2\times 0.2+1.5^2\times 0.5=1.713$$

故 $D(X_i)=E(X_i^2)-[E(X_i)]^2=0.0489$.

(1) 以 X 表示这天的总收入，则 $X=\sum_{i=1}^{300}X_i$，由中心极限定理得

$$P\{X\geqslant 400\}=P\{400\leqslant X<\infty\}=$$

$$P\left\{\frac{400-300\times 1.29}{\sqrt{300}\sqrt{0.0489}}\leqslant\frac{\sum_{i=1}^{300}X_i-300\times 1.29}{\sqrt{300}\sqrt{0.0489}}<\frac{\infty-300\times 1.29}{\sqrt{300}\sqrt{0.0489}}\right\}\approx$$

$$1-\Phi(3.39)=1-0.9997=0.0003$$

(2) 以 Y 记 300 个蛋糕中售价为 1.2 元的蛋糕的个数，于是 $Y\sim B(300,0.2)$，$E(Y)=300\times 0.2$，$D(Y)=300\times 0.2\times 0.8$，由棣莫弗－拉普拉斯中心极限定理得

$$P\{Y>60\}=1-P\{Y\leqslant 60\}=$$

$$1-P\left\{\frac{Y-300\times 0.2}{\sqrt{300\times 0.2\times 0.8}}\leqslant\frac{60-300\times 0.2}{\sqrt{300\times 0.2\times 0.8}}\right\}=$$

$$1-\Phi\left(\frac{60-300\times 0.2}{\sqrt{300\times 0.2\times 0.8}}\right)=1-\Phi(0)=0.5$$

9. 已知在某十字路口一周事故发生数的数学期望为 2.2，标准差为 1.4. 以 $\bar{X}$ 表示一年（以 52 周计）此十字路口事故发生数的算术平均数，求 $P\{\bar{X}<2\}$.

解

$$E(\bar{X})=E(X)=2.2$$

$$D(\bar{X})=\frac{D(X)}{52}=\frac{1.4^2}{52}$$

由中心极限定理，可认为 $\bar{X}\sim N\left(2.2,\frac{1.4^2}{52}\right)$.

$$P\{\bar{X}<2\}=\Phi\left(\frac{2-2.2}{1.4/\sqrt{52}}\right)=\Phi\left(\frac{-0.2\times\sqrt{52}}{1.4}\right)=\Phi(-1.030)=$$

$$1-\Phi(1.030)=1-0.8485=0.1515$$

4.4　单元测试

一、填空题

1. 已知 $X\sim N(-2,0.4^2)$，则 $E(X+3)^2=$________.

2. 设 $X\sim N(10,0.6)$，$Y\sim N(1,2)$，且 X 与 Y 相互独立，则 $D(3X-Y)=$________.

3. 设 $D(X)=25$，$D(Y)=36$，$\rho_{XY}=0.4$，则 $D(X+Y)=$________.

4. 设 $X_1,X_2,\cdots,X_n\cdots$ 是独立同分布的随机变量序列，且均值为 μ，方差为 σ^2，那么当 n 充分大时，近似有 $\bar{X}\sim$________或 $\sqrt{n}\dfrac{\bar{X}-\mu}{\sigma}\sim$________. 特别是，当同为正态分布时，对

于任意的 n,都精确有 $\bar{X}\sim$ ________ 或 $\sqrt{n}\,\dfrac{\bar{X}-\mu}{\sigma}\sim$ ________.

5. 设随机变量 X 的数学期望 $E(X)=75$,方差 $D(X)=5$,用切比雪夫不等式估计得 $P\{|X-75|\geqslant k\}\leqslant 0.05$,则 $k=$ ________.

二、选择题

1. 掷一枚均匀的骰子 600 次,那么出现“一点”次数的均值为(　　)

A. 50　　B. 100　　C. 120　　D. 150

2. 设 X_1,X_2,X_3 相互独立,均服从参数 $\lambda=3$ 的泊松分布,令 $Y=\frac{1}{3}(X_1+X_2+X_3)$,则 $E(Y^2)=$(　　)

A. 1　　B. 9　　C. 10　　D. 6

3. 对于任意两个随机变量 X 和 Y,若 $E(XY)=E(X)E(Y)$,则(　　)

A. $D(XY)=D(X)D(Y)$　　B. $D(X+Y)=D(X)+D(Y)$

C. X 和 Y 相互独立　　D. X 和 Y 不相互独立

4. 设 $X\sim\Gamma(\lambda)$,且 $E[(X-1)(X-2)]=1$,则 λ 为(　　)

A. 1　　B. 2　　C. 3　　D. 0

5. 设随机变量 X 和 Y 的方差存在,且不等于 0,则 $D(X+Y)=D(X)+D(Y)$ 是 X 和 Y 的(　　)

A. 不相关的充分条件,但不是必要条件

B. 独立的必要条件,但不是充分条件

C. 不相关的充分必要条件

D. 独立的充分必要条件

4.5　单元测试答案

一、填空题

1. 1.16　2. 7.4　3. 85　4. $N(\mu,\frac{\sigma^2}{n})$　$N(0,1)$　$N(\mu,\frac{\sigma^2}{n})$　$N(0,1)$　5. 10

二、选择题

1. B　2. C　3. B　4. A　5. C

第5章 数理统计的概念与参数估计

5.1 内容提要

1.数理统计的基本概念

(1)总体:所研究对象的全体称为总体.

(2)个体:组成总体的每个单元称为个体.

(3) 抽样统计:从总体中抽出 n 个个体进行观测,然后根据这 n 个个体的性质来推断总体的性质,即抽样统计.

(4) 样本:被取出的 n 个个体的集合称为总体的一个样本,n 称为样本容量.

(5) 直方图:在统计数据的收集和整理的基础上做出的能体现随机变量概率分布情况的图形.

2.统计量与统计量分布

(1) 常用统计量

① 样本均值 $\overline{X}=\dfrac{1}{n}\sum\limits_{i=1}^{n}X_i$

② 样本方差 $S^2=\dfrac{1}{n-1}\sum\limits_{i=1}^{n}(X_i-\overline{X})^2$

③ 样本标准差 $S=\sqrt{\dfrac{1}{n-1}\sum\limits_{i=1}^{n}(X_i-\overline{X})^2}$

④ 样本 k 阶矩 $A_k=\dfrac{1}{n}\sum\limits_{i=1}^{n}X_i^k$ $(k=1,2,\cdots)$. 当 $k=1$ 时,就是样本均值.

⑤ 样本 k 阶中心矩 $B_k=\dfrac{1}{n}\sum\limits_{i=1}^{n}(X_i-\overline{X})^2$ $(k=1,2,\cdots)$. 当 $k=2$ 时,$S^{*2}=\mu_2=\dfrac{1}{n}\sum\limits_{i=1}^{n}(X_i-\overline{X})^2$ 称为未修正样本方差. 在实际应用中一般采用式② 作为样本的方差,因为 S^2 比 S^{*2} 更精确些,且有 $S^2=\dfrac{n}{n-1}S^{*2}$.

它们的观测值分别为

$$\bar{x}=\frac{1}{n}\sum_{i=1}^{n}x_i,\quad s^2=\frac{1}{n-1}\sum_{i=1}^{n}(x_i-\bar{x})^2,\quad s=\sqrt{\frac{1}{n-1}\sum_{i=1}^{n}(x_i-\bar{x})^2}$$

$$a_k=\frac{1}{n}\sum_{i=1}^{n}x_i^k,\quad b_k=\frac{1}{n}\sum_{i=1}^{n}(x_i-\bar{x})^2\quad(k=1,2,\cdots)$$

这些观测值仍分别称为样本均值、样本方差、样本标准差、样本 k 阶矩、样本 k 阶中心矩.

(2) 统计量分布

定理 1 设随机变量$(X_1,X_2,\cdots,X_n)$是相互独立的,且 X_i 服从正态分布 $N(\mu_i,\sigma_i^2)$ $(i=1,2,\cdots,n)$,则它的线性函数 $Y=\sum\limits_{i=1}^{n}a_iX_i$($a_i$ 不全为 $0,i=1,2,\cdots,n$) 也服从正态分布,其中

$$E(Y)=\sum_{i=1}^{n}a_i\mu_i,\quad D(Y)=\sum_{i=1}^{n}a_i^2\sigma_i^2$$

推论 设$(X_1,X_2,\cdots,X_n)$是取自正态分布 $N(\mu,\sigma^2)$ 的一个样本,则有

①$\bar{X}=\frac{1}{n}\sum\limits_{i=1}^{n}X_i\sim N(\mu,\frac{\sigma^2}{n})$;

②$U=\dfrac{\bar{X}-\mu}{\frac{\sigma}{\sqrt{n}}}\sim N(0,1)$.

χ^2 分布及其性质

定义 1 设 $X\sim N(0,1)$,$(X_1,X_2,\cdots,X_n)$是总体 X 的一个样本,它们的平方和记作 χ^2,即

$$\chi^2={X_1}^2+{X_2}^2+\cdots+{X_n}^2$$

则称χ^2 服从自由度为 n 的χ^2 分布,记作$\chi^2\sim\chi^2(n)$.

其概率密度为

$$f(x)=\begin{cases}\dfrac{1}{2^{\frac{n}{2}}\Gamma(\frac{n}{2})}x^{\frac{n}{2}-1}e^{-\frac{x}{2}} & (x>0)\\ 0 & (x\leqslant 0)\end{cases}$$

其中 $\Gamma(x)$ 为伽马函数.

$$\Gamma(x)=\int_0^{\infty}e^{-t}t^{x-1}dt\quad(x>0)$$

自由度 n 是指定义中等式右边所包含的独立随机变量的个数,记作 df.

性质 1 ① 若$\chi^2\sim\chi^2(n)$,则 $E(\chi^2)=n,D(\chi^2)=2n$.

② 设$\chi_1^2\sim\chi^2(n_1)$,$\chi_2^2\sim\chi^2(n_2)$,且相互独立,则$\chi_1^2+\chi_2^2\sim\chi^2(n_1+n_2)$.

定理2　设 $X_1, X_2, \cdots, X_n$ 取自总体 $X \sim N(\mu, \sigma^2)$ 的样本，则

① 样本均值 $\overline{X}$ 与样本方差 S^2 相互独立；

② $\dfrac{(n-1)S^2}{\sigma^2} = \dfrac{\sum\limits_{i=1}^{n}(X_i - \overline{X})^2}{\sigma^2} \sim \chi^2(n-1)$.

我们把满足条件

$$P\{\chi^2 > \chi_\alpha^2(n)\} = \int_{\chi_\alpha^2(n)}^{+\infty} f(x)\mathrm{d}x = \alpha$$

的数 χ_α^2 称为总体 X 服从 $\chi^2(n)$ 分布的临界值，数 α 称为显著性水平或信度.

t 分布及其性质

定义2　设 X_1, X_2 是两个相互独立的随机变量，并且 $X_1 \sim N(0,1)$，$X_2 \sim \chi^2(n)$，则称随机变量 $t = \dfrac{X_1}{\sqrt{\dfrac{X_2}{n}}}$ 所服从的分布为自由度为 n 的 t 分布，又称学生氏(Student)分布. 其概率密度为

$$f(x) = \frac{\Gamma(\frac{n+1}{2})}{\sqrt{n\pi}\,\Gamma(\frac{n}{2})}\left(1 + \frac{x^2}{n}\right)^{-\frac{n+1}{2}} \quad (-\infty < x < +\infty)$$

这时称 t 服从自由度为 n 的 $t(n)$ 分布，随机变量 t 称为自由度为 n 的 t 变量，记作 $t \sim t(n)$.

定理3　设 $(X_1, X_2, \cdots, X_n)$ 为取自总体 $X \sim N(\mu, \sigma^2)$ 的一个样本，则统计量

$$t = \frac{\overline{X} - \mu}{\sqrt{\frac{S^2}{n}}} \sim t(n-1)$$

定理4　设 $(X_1, X_2, \cdots, X_{n_1})$ 和 $(Y_1, Y_2, \cdots, Y_{n_2})$ 分别来自正态总体 $N(\mu_1, \sigma^2)$ 和 $N(\mu_2, \sigma^2)$ 的样本，且它们相互独立，则统计量

$$\frac{\overline{X} - \overline{Y} - (\mu_1 - \mu_2)}{S_w\sqrt{\frac{1}{n_1} + \frac{1}{n_2}}} \sim t(n_1 + n_2 - 2)$$

其中，$S_w = \sqrt{\dfrac{(n_1-1)S_1^2 + (n_2-1)S_2^2}{n_1 + n_2 - 2}}$，$S_1^2, S_2^2$ 分别是两个正态总体的样本方差.

F 分布及其性质

定义3　设随机变量 X 与 Y 相互独立，且 $X \sim \chi^2(n_1)$，$Y \sim \chi^2(n_2)$，则随机变量 $F = \dfrac{\frac{X}{n_1}}{\frac{Y}{n_2}}$ 所服从的分布称为第一自由度 n_1 与第二自由度 n_2 的 F 分布，记作 $F(n_1, n_2)$. 任何服

从 $F(n_1,n_2)$ 分布的随机变量 F 均可记作 $F \sim F(n_1,n_2)$. 其概率密度为

$$\varphi(x)=\begin{cases}\dfrac{n_1^{\frac{n_1}{2}}n_2^{\frac{n_2}{2}}\Gamma\left(\dfrac{n_1+n_2}{2}\right)x^{\frac{n_1}{2}-1}}{\Gamma\left(\dfrac{n_1}{2}\right)\Gamma\left(\dfrac{n_2}{2}\right)(n_1x+n_2)^{\frac{n_1+n_2}{2}}} & (x>0)\\ 0 & (x\leqslant 0)\end{cases}$$

教材的附表中,对于不同的自由度 (n_1,n_2) 及不同的数 $a(0<a<1)$,给出了使 $P\{F>F_a(n_1,n_2)\}=a$ 成立的 $F_a(n_1,n_2)$ 的值. $F_a(n_1,n_2)$ 称为 F 分布的上 a 分位点.

性质 2 设 $F \sim F(n_1,n_2)$,则 $\dfrac{1}{F} \sim F(n_2,n_1)$,从而有 $F_{1-a}(n_1,n_2)=\dfrac{1}{F_a(n_2,n_1)}$.

3. **矩估计法**

设 X 为连续型随机变量,其概率密度为 $f(x;\theta_1,\theta_2,\cdots,\theta_k)$,或 X 为离散型随机变量,其分布律为 $P\{X=x\}=p\{x;\theta_1,\theta_2,\cdots,\theta_k\}$,其中 $\theta_1,\theta_2,\cdots,\theta_k$ 为待估参数,$(X_1,X_2,\cdots,X_n)$ 是来自 X 的样本. 假设总体 X 的前 k 阶矩

$$\mu_1=E(X^l)=\int_{-\infty}^{+\infty}x^l f(x;\theta_1,\theta_2,\cdots,\theta_k)\mathrm{d}x \quad (X\text{ 为连续型})$$

或

$$\mu_1=E(X^l)=\sum_{X\in R_X}x^l p(x;\theta_1,\theta_2,\cdots,\theta_k) \quad (X\text{ 为离散型})$$

$$l=1,2,\cdots,k$$

(其中 R_X 是 X 的可能取值范围) 存在. 一般来说,它们是 $\theta_1,\theta_2,\cdots,\theta_k$ 的函数. 给予样本依概率收敛于相应的总体矩 $\mu_l(l=1,2,\cdots,k)$

$$A_l=\frac{1}{n}\sum_{i=1}^{n}X_i^l$$

样本矩的连续函数依概率收敛于相应的总体矩的连续函数,我们就用样本矩作为相应的总体矩的估计量,而以样本矩的连续函数作为相应的总体矩的连续函数的估计量. 这种估计方法称为矩估计法. 矩估计法的具体做法如下:设

$$\mu_i=\mu_i(\theta_1,\theta_2,\cdots,\theta_k) \quad (i=1,2,\cdots,k)$$

这是一个包含 k 个未知参数 $\theta_1,\theta_2,\cdots,\theta_k$ 的联立方程组,可以从中解出 $\theta_1,\theta_2,\cdots,\theta_k$,得到

$$\theta_i=\theta_i(\mu_1,\mu_2,\cdots,\mu_k) \quad (i=1,2,\cdots,k)$$

这种估计量称为矩估计量,矩估计量的观测值称为矩估计值.

简单说矩估计法是用样本矩估计相应的总体矩,从而得到总体未知参数的估计值.

4. **极大似然估计法**

设未知参数为 θ

(1) 写出似然函数

离散型:$L(\theta_1,\theta_2,\cdots,\theta_m)=\prod\limits_{i=1}^{n}P(X_i;\theta_1,\theta_2,\cdots,\theta_m)$

连续型:$L(\theta_1,\theta_2,\cdots,\theta_m)=\prod\limits_{i=1}^{n}f(X_i;\theta_1,\theta_2,\cdots,\theta_m)$

(2) 选择 θ 使 $L(\theta)$ 最大，此时所得为 $\hat{\theta}$

若有 $\hat{\theta}_j = \hat{\theta}_j(x_1, x_2, \cdots, x_n)$ 使得

$$L(\hat{\theta}_1, \hat{\theta}_2 \cdots \hat{\theta}_m) = \max_{\theta_1, \theta_2, \cdots, \theta_m} L(\theta_1, \theta_2, \cdots, \theta_m)$$

则称 $\hat{\theta}_j = \hat{\theta}_j(X_1, X_2, \cdots, X_n)$ 为 θ_j 的极大似然估计量 $(j = 1, 2, \cdots, m)$.

由于 $\ln x$ 是 x 的单调函数，使

$$\ln L(\hat{\theta}_1, \hat{\theta}_2 \cdots \hat{\theta}_m) = \max_{\theta_1, \theta_2, \cdots, \theta_m} \ln L(\theta_1, \theta_2, \cdots, \theta_m)$$

通常采用微积分学求函数极值的一般方法，即从方程(组)

$$\frac{\partial \ln L}{\partial \theta_j} = 0 \quad (j = 1, 2, \cdots, m)$$

求 $\ln L$ 的驻点，然后再从这些驻点中找出满足上式的 $\hat{\theta}_j$，称上式为似然方程(组).

5. 估计量的评价标准

(1) 无偏性

一个好的估计量总是希望它与被估参数的真值偏离较小，也就是说，对估计量 $\hat{\theta}$ 要求它在被估参数真值 θ 的附近摆动，使 $\hat{\theta}$ 的数学期望等于 θ.

定义 4　设 $\hat{\theta}$ 为未知数 θ 的估计量，若 $E(\hat{\theta}) = \theta$，则称 $\hat{\theta}$ 为 θ 的无偏估计量.

(2) 有效性

定义 5　设 $\hat{\theta}_1, \hat{\theta}_2$ 是 θ 的两个无偏估计量，若 $D(\hat{\theta}_1) < D(\hat{\theta}_2)$，则称 $\hat{\theta}_1$ 较 $\hat{\theta}_2$ 更有效.

(3) 相合性

人们自然希望样本容量大，样本容量越大越能精确地估计未知参数，也就是说，随着样本容量的增大，一个好的估计量被估计参数任意接近的可能性就会随之增大. 这就产生了相合性(或称一致性)的概念.

定义 6　如果 $\hat{\theta}_n$ 依概率收敛于 θ，则称 $\hat{\theta}_n = \hat{\theta}_n(X_1, X_2, \cdots, X_n)$ 是未知参数 θ 的相合(或一致)估计量，即对任意 $\varepsilon > 0$ 有 $\lim\limits_{n\to\infty} P\{|\hat{\theta}_n - \theta| \geqslant \varepsilon\} = 0$.

6. 参数的区间估计

定义 7　设 θ 是总体 X 的分布函数 $F(x, \theta)$ 中的未知参数，对于给定的 $\alpha(0 < \alpha < 1)$，若两个统计量 $\hat{\theta}_1 = \hat{\theta}_1(X_1, X_2, \cdots, X_n)$，和 $\hat{\theta}_2 = \hat{\theta}_2(X_1, X_2, \cdots, X_n)(\hat{\theta}_1 < \hat{\theta}_2)$，使得

$$P\{\hat{\theta}_1 < \theta < \hat{\theta}_2\} = 1 - \alpha$$

成立，则称 $(\hat{\theta}_1, \hat{\theta}_2)$ 为参数 θ 的置信区间，$1-\alpha$ 称为置信区间的置信度，α 称为显著水平，$\hat{\theta}_1$，$\hat{\theta}_2$ 分别称为置信下限和置信上限.

5.2　典型题精解

例 1　从一批电阻中抽出 8 只，测得各只电阻的阻值如下(单位：kΩ)：4.3，4.6，3.7，3.8，4.4，3.2，4.0，4.8. 试求样本均值与样本方差的观测值.

解 由定义
$$\bar{x}=\frac{1}{n}\sum_{i=1}^{n}x_i$$
$$s^2=\frac{1}{n-1}\sum_{i=1}^{n}(x_i-\bar{x})^2=\frac{1}{n-1}\sum_{i=1}^{n}(x_i^2-n\bar{x}^2)$$

先计算$\sum_{i=1}^{n}x_i$，再计算$\sum_{i=1}^{n}x_i^2$，然后带入相应公式即可.
$$\sum_{i=1}^{n}x_i=4.3+4.6+3.7+3.8+4.4+3.2+4.0+4.8=32.8$$
$$\sum_{i=1}^{n}x_i^2=4.3^2+4.6^2+3.7^2+3.8^2+4.4^2+3.2^2+4.0^2+4.8^2=136.42$$

故
$$\bar{x}=\frac{1}{8}\sum_{i=1}^{8}x_i=\frac{1}{8}\times 32.8=4.1$$
$$s^2=\frac{1}{n-1}\sum_{i=1}^{n}(x_i-\bar{x})^2=\frac{1}{8-1}\sum_{i=1}^{8}(x_i^2-8\bar{x}^2)=\frac{1}{7}(136.42-8\times 4.1^2)\approx 0.277$$

例 2 设$(X_1,X_2,\cdots,X_n)$为来自正态总体X的样本，X的均值为$E(X)$，方差为$D(X)$，证明：$E(\overline{X})=E(X)$，$D(\overline{X})=\frac{D(X)}{n}$.

证明 $E(\overline{X})=E(\frac{1}{n}\sum_{i=1}^{n}X_i)=\frac{1}{n}E(\sum_{i=1}^{n}X_i)=\frac{1}{n}\sum_{i=1}^{n}E(X)=\frac{1}{n}\cdot nE(X)=E(X)$
$$D(\overline{X})=D(\frac{1}{n}\sum_{i=1}^{n}X_i)=\frac{1}{n^2}\sum_{i=1}^{n}D(X_i)=\frac{1}{n^2}\sum_{i=1}^{n}D(X)=\frac{1}{n^2}\cdot nD(X)=\frac{D(X)}{n}$$

例 3 在总体$N(5,2^2)$中随机抽取一容量为25的样本，求样本均值$\overline{X}$落在4.2到5.8之间的概率及样本方差大于6.07的概率.

解 因为总体$X\sim N(5,2^2)$，$n=25$，$\overline{X}=\frac{1}{25}\sum_{i=1}^{25}X_i\sim N(5,\frac{2^2}{25})$，$\frac{(25-1)S^2}{2^2}\sim\chi^2(24)$，故
$$P\{4.2<\overline{X}<5.8\}=P\left\{\frac{4.2-5}{\frac{2}{5}}<\frac{\overline{X}-5}{\frac{2}{5}}<\frac{5.8-5}{\frac{2}{5}}\right\}=P\left\{-2<\frac{\overline{X}-5}{\frac{2}{5}}<2\right\}=$$
$$2\Phi(2)-1=2\times 0.954-1=0.908$$
$$P\{S^2>6.07\}=P\left\{\frac{24S^2}{2^2}>\frac{6.07\times 24}{2^2}\right\}=P\left\{\frac{24S^2}{2^2}>36.42\right\}=0.05$$

例 4 设总体X的分布密度为$f(x)=\begin{cases}(\alpha+1)x^{\alpha} & (0<x<1)\\ 0 & (\text{其他})\end{cases}$，其中$\alpha>-1$为未知参数，$x_1,x_2,\cdots,x_n$为来自总体的一组样本观测值，求参数$\alpha$的矩估计值.

解 $E(X)=\int_{-\infty}^{+\infty}xf(x)\mathrm{d}x=\int_{0}^{1}x(\alpha+1)x^{\alpha}\mathrm{d}x=\frac{\alpha+1}{\alpha+2}$

由矩估计法可得$\frac{\alpha+1}{\alpha+2}=\overline{X}$，从而得$\alpha$的矩估计值为$\hat{\alpha}=\frac{2\overline{X}-1}{1-\overline{X}}$.

例5 设总体 X 的概率分布为

X	0	1	2	3
P	θ^2	$2\theta(1-\theta)$	θ^2	$1-2\theta$

其中，$\theta(0<\theta<\frac{1}{2})$ 是未知参数，利用总体的如下样本值 3, 1, 3, 0, 3, 1, 2, 3，求 θ 的矩估计值.

解 $\overline{X}=\frac{1}{8}\sum_{i=1}^{8}x_i=\frac{1}{8}\times(3+1+3+0+3+1+2+3)=2$

$$E(X)=0\cdot\theta^2+1\cdot 2\theta(1-\theta)+2\cdot\theta^2+3\cdot(1-2\theta)=3-4\theta$$

由矩估计法 $\overline{X}=E(X)$，得 $3-4\theta=2$，因此 $\hat{\theta}=\frac{1}{4}$.

例6 设$(X_1,X_2,\cdots,X_n)$是来自区间$(0,\theta]$上服从均匀分布的总体 X 的样本，试求 θ 的极大似然估计量.

解 设$(x_1,x_2,\cdots,x_n)$是样本观测值，由总体 X 的概率密度函数 $f(x;\theta)=\begin{cases}\frac{1}{\theta} & (0<x\leqslant\theta)\\ 0 & (\text{其他})\end{cases}$ 可得似然函数

$$L(\theta)=\begin{cases}\frac{1}{\theta^n} & (0<x_i\leqslant\theta;i=1,2,\cdots,n)\\ 0 & (\text{其他})\end{cases}$$

$\ln L(\theta)=-n\ln\theta$，由于$\frac{\mathrm{d}\ln L(\theta)}{\mathrm{d}\theta}=-\frac{n}{\theta}<0$，所以 $L(\theta)$ 关于 θ 单调递减，为使 $L(\theta)$ 达到最大，必须使 θ 尽量小.

另一方面，由于$(x_1,x_2,\cdots,x_n)$是总体 X 的样本值，于是 $0<x_1\leqslant\theta, 0<x_2\leqslant\theta,\cdots, 0<x_n\leqslant\theta$ 都成立，所以 θ 应取 $x_1,x_2,\cdots,x_n$ 中的某一个 x_i，同时又不小于 $x_1,x_2,\cdots,x_{i-1},x_i,\cdots,x_n$ 中的任何一个，因而 θ 只能取 $\max\{x_1,x_2,\cdots,x_n\}$，即 $\hat{\theta}=\max\{x_1,x_2,\cdots,x_n\}$. 从而 θ 的极大似然估计量为 $\hat{\theta}=\max\{X_1,X_2,\cdots,X_n\}$.

例7 设总体 X 服从参数为 p 的几何分布，即 X 的概率密度为 $P\{X=k\}=p(1-p)^{k-1}(0<p<1;k=1,2,\cdots)$ $(X_1,X_2,\cdots,X_n)$是来自总体的样本，试求参数 p 的极大似然估计.

解 设$(x_1,x_2,\cdots,x_n)$是样本观测值，将总体 X 的概率分布转化为函数形式 $f(x;p)=p(1-p)^{x-1}$，可得似然函数 $L(p)=\prod_{i=1}^{n}f(x_i;p)=\prod_{i=1}^{n}p(1-p)^{x_i-1}=p^n(1-p)^{\sum_{i=1}^{n}x_i-1}=p^n(1-p)^{n\overline{X}-n}$，$\ln L(p)=n\ln p+(n\overline{X}-n)\ln(1-p)$，令$\frac{\mathrm{d}\ln L(p)}{\mathrm{d}p}=\frac{n}{p}-(n\overline{X}-n)\frac{1}{1-p}=0$，解得 $\hat{p}=\frac{1}{\overline{X}}$，因此 p 的极大似然估计为 $\hat{p}=\frac{1}{\overline{X}}$.

例 8 从一批钉子中随机抽取 16 枚，测得长度（单位：cm）为 2.14，2.10，2.13，2.15，2.12，2.13，2.13，2.10，2.15，2.12，2.14，2.10，2.13，2.11，2.14，2.11. 假设钉子的长度 X 服从正态分布 $N(\mu,\sigma^2)$，在下列两种情况下分别求总体均值 μ 的置信度为 90% 的置信区间：(1) 已知 $\sigma=0.01$；(2)σ 未知.

解 由题意可知 $n=16, 1-\alpha=0.90, \frac{\alpha}{2}=0.05, \overline{X}=\frac{1}{16}\sum_{i=1}^{16}x_i=2.125, S=\sqrt{S^2}=\sqrt{\frac{1}{16-1}\sum_{i=1}^{16}(x_i-\overline{x})^2}=0.017\ 13$.

(1)$\sigma=0.01$ 时，$z_{0.05}=1.645$，选取统计量 $U=\frac{\overline{X}-\mu}{\frac{\sigma}{\sqrt{n}}}\sim N(0,1)$，置信区间为 $\left(\overline{X}-\frac{\sigma}{\sqrt{n}}z_{\frac{\alpha}{2}}, \overline{X}+\frac{\sigma}{\sqrt{n}}z_{\frac{\alpha}{2}}\right)$. 因此 μ 的置信度为 90% 的置信区间：

$$\left(\overline{X}-\frac{\sigma}{\sqrt{n}}z_{\frac{\alpha}{2}}, \overline{X}+\frac{\sigma}{\sqrt{n}}z_{\frac{\alpha}{2}}\right)=(2.125-1.645\times\frac{0.01}{\sqrt{16}}, 2.125+1.645\times\frac{0.01}{\sqrt{16}})=(2.121, 2.129)$$

(2)σ 未知时，选取统计量 $t=\frac{\overline{X}-\mu}{\frac{S}{\sqrt{n}}}\sim t(n-1)$，$t_{0.05}(16-1)=1.753$，置信区间为 $\left(\overline{X}-\frac{S}{\sqrt{n}}t_{\frac{\alpha}{2}}(n-1), \overline{X}+\frac{S}{\sqrt{n}}t_{\frac{\alpha}{2}}(n-1)\right)$. 因此 μ 的置信度为 90% 的置信区间：

$$\left(\overline{X}-\frac{S}{\sqrt{n}}t_{\frac{\alpha}{2}}(n-1), \overline{X}+\frac{S}{\sqrt{n}}t_{\frac{\alpha}{2}}(n-1)\right)=$$

$$(2.125-1.753\times\frac{0.017\ 13}{\sqrt{16}}, 2.125+1.753\times\frac{0.017\ 13}{\sqrt{16}})=(2.12, 2.13)$$

例 9 从一批零件中抽取 16 个零件，测得它们的直径（单位：mm）如下：

12.15	12.12	12.01	12.08	12.09	12.16	12.03	12.01
12.06	12.13	12.07	12.11	12.08	12.01	12.03	12.06

设这批零件的直径服从正态分布 $N(\mu,\sigma^2)$，求零件直径的方差 σ^2 的置信度为 0.98 的置信区间.

解 这是一个正态总体，且均值 μ 未知，求总体方差 σ^2 的置信区间问题，选取统计量 $\chi^2=\frac{(n-1)S^2}{\sigma^2}\sim\chi^2(n-1)$. 置信度 $\alpha=1-0.98=0.02$ 时，查 χ^2 分布表得到 $\chi^2_{1-\frac{\alpha}{2}}(n-1)=\chi^2_{0.99}(15)=5.23$，$\chi^2_{\frac{\alpha}{2}}(n-1)=\chi^2_{0.01}(15)=30.6$

所以
$$\frac{(n-1)S^2}{\chi^2_{\frac{\alpha}{2}}(n-1)}=\frac{15\times0.002\ 44}{30.6}=0.001\ 196$$

$$\frac{(n-1)S^2}{\chi^2_{1-\frac{\alpha}{2}}(n-1)}=\frac{15\times0.002\ 44}{5.23}=0.006\ 998$$

即方差 σ^2 的置信度为 0.98 的置信区间为(0.001 196,0.006 998).

例 10　为了估计磷肥对某种农作物增产的作用,现选 20 块条件大致相同的土地,10 块不施磷肥,另外 10 块施磷肥,得亩产量(单位:kg) 如下:

不施磷肥	620	570	650	600	630	580	570	600	600	580
施磷肥	560	590	560	570	580	570	600	550	570	550

设亩产量服从正态分布.

(1) 若方差相同,求平均亩产量之差的置信度为 0.95 的置信区间;

(2) 求方差比置信度为 0.95 的置信区间.

解　把不施磷肥亩产量看作总体 X,且服从正态分布 $N(\mu_1,\sigma_1^2)$,施磷肥亩产量看作总体 Y,且服从正态分布 $N(\mu_2,\sigma_2^2)$.

(1) 设 $\sigma_1^2=\sigma_2^2$,求 $\mu_1-\mu_2$ 的置信区间,选取统计量 $t=\dfrac{(\overline{X}-\overline{Y})-(\mu_1-\mu_2)}{S_w\sqrt{\dfrac{1}{n_1}+\dfrac{1}{n_2}}}$,其中

$$S_w^2=\frac{(n_1-1)S_1^2+(n_2-1)S_2^2}{n_1+n_2-2}$$

由计算得

$$\overline{X}=600,\quad S_1=\sqrt{S_1^2}=\frac{1}{9}\times 6\ 400,\quad \overline{Y}=570,\quad S_2=\sqrt{S_2^2}=\frac{1}{9}\times 2\ 400$$

对 $\alpha=1-0.95=0.05$,查 t 分布表得 $t_{0.05}(18)=2.100\ 9$,于是

$$\overline{X}-\overline{Y}-t_\alpha(n_1+n_2-2)S_{12}\sqrt{\frac{1}{n_1}+\frac{1}{n_2}}=9.225\ 7$$

$$\overline{X}-\overline{Y}+t_\alpha(n_1+n_2-2)S_{12}\sqrt{\frac{1}{n_1}+\frac{1}{n_2}}=50.774\ 3$$

即均值之差 $\mu_1-\mu_2$ 的置信度为 0.95 的置信区间为(9.225 7,50.774 3).

(2) 因为 $n_1=10,n_2=10,\alpha=1-0.95=0.05$,所以 $n_1-1=9,n_2-1=9,\dfrac{\alpha}{2}=0.025$,查 F 分布表可得

$$F_{\frac{\alpha}{2}}(n_1-1,n_2-1)=F_{0.025}(9,9)=4.03$$

$$F_{1-\frac{\alpha}{2}}(n_1-1,n_2-1)=F_{0.975}(9,9)=\frac{1}{F_{0.025}(9,9)}=\frac{1}{4.03}$$

因此

$$\frac{S_1^2}{S_2^2}\frac{1}{F_{\frac{\alpha}{2}}(n_1-1,n_2-1)}=\frac{6\ 400}{2\ 400}\times\frac{1}{4.03}=0.661\ 7$$

$$\frac{S_1^2}{S_2^2}\frac{1}{F_{1-\frac{\alpha}{2}}(n_1-1,n_2-1)}=\frac{6\ 400}{2\ 400}\times 4.03=10.746\ 7$$

故方差比 $\dfrac{\sigma_1^2}{\sigma_2^2}$ 的置信度为 0.95 的置信区间为(0.661 7,10.746 7).

5.3 同步习题解析

习题 5.1 解答

1.某店抽查 9 个柜组，每个柜组某日的销售额(万元)分别为 10,9,8,8,7,6,6,5,4. 求该商店 9 个柜组销售额的样本均值与方差.

解
$$\bar{X}=\frac{1}{9}\times(10+9+8+8+7+6+6+5+4)=7$$
$$S^2=\frac{1}{9-1}\times[(10-7)^2+(9-7)^2+(8-7)^2+(8-7)^2+(7-7)^2+(6-7)^2+(6-7)^2+(5-7)^2+(4-7)^2]=3.75$$

2.抽样得到的 100 个观测值如下表：

观测值 x_i	0	1	2	3	4	5
频数 m_i	14	21	26	19	12	8

请计算其样本平均值、样本方差、样本标准差.

解

$$\bar{X}=\frac{1}{100}\times(14\times0+21\times1+26\times2+19\times3+12\times4+8\times5)=2.18$$
$$S^2=\frac{1}{100-1}\times[14\times(0-2.18)^2+21\times(1-2.18)^2+26\times(2-2.18)^2+19\times(3-2.18)^2+12\times(4-2.18)^2+8\times(5-2.18)^2]\approx2.149\ 1$$
$$S\approx1.465\ 977\ 8$$

3.若总体 $X\sim N(10,9)$，$(X_1,X_2,\cdots,X_6)$ 是总体 X 的一个样本，求 $P\{\bar{X}>11\}$.

解 已知 $X\sim N(10,9)$，则 $\bar{X}\sim N(10,\frac{9}{6})$.

$$P\{\bar{X}>11\}=1-P\{\bar{X}\leqslant11\}=P\left\{\frac{\bar{X}-10}{\left(\frac{3}{\sqrt{6}}\right)}\leqslant\frac{11-10}{\left(\frac{3}{\sqrt{6}}\right)}\right\}=1-\Phi\left(\frac{\sqrt{6}}{3}\right)\approx 1-\Phi(0.816\ 5)\approx0.206\ 1$$

4.设 $(X_1,X_2,\cdots,X_n)$ 是总体 $\xi\sim N(\mu,\sigma^2)$ 的一个样本，S^2 为样本的方差，求满足不等式 $P\left\{\frac{S^2}{\sigma^2}\leqslant1.5\right\}\geqslant0.95$ 的最小 n 值.

解 $P\left\{\frac{S^2}{\sigma^2}\leqslant1.5\right\}=P\left\{\frac{(n-1)S^2}{\sigma^2}\leqslant1.5(n-1)\right\}\geqslant0.95$，则有

$$1.5(n-1)>\chi^2_{0.05}(n-1)$$

即 $n \geqslant 27, n=27$.

习题 5.2 解答

1. 用矩估计法求指数分布 $f(x)=\begin{cases}\dfrac{1}{\lambda}e^{-\frac{1}{\lambda}x} & (x \geqslant 0)\\ 0 & (x<0)\end{cases}$ 中 λ 的估计量.

解　$E(X)=\int_0^{+\infty} x \dfrac{1}{\lambda} e^{-\frac{1}{\lambda}x} dx=-\int_0^{+\infty} x e^{-\frac{x}{\lambda}} d\left(-\dfrac{x}{\lambda}\right)=-\int_0^{+\infty} x d(e^{-\frac{x}{\lambda}})=$

$$-x e^{-\frac{x}{\lambda}}\Big|_0^{+\infty}-\lambda e^{-\frac{x}{\lambda}}\Big|_0^{+\infty}=\lambda$$

故 $\hat{\lambda}=\bar{X}$.

2. 某种电子管的使用寿命服从指数分布，今抽取一组样本，测得其数据如下：16，19，50，68，100，130，140，270，280，340，410，450，520，620，190，210，800，1 100，求 λ 的极大似然估计.

解　分布函数为 $f(x,\lambda)=\lambda e^{-\lambda x}(\lambda>0, x>0)$，似然函数为

$$L(\lambda)=\prod_{i=1}^{n} \lambda e^{-\lambda x_i}=\lambda^n e^{-\lambda \sum\limits_{i=1}^{n} x_i}$$

$$\ln L(\lambda)=n \ln \lambda-\lambda \sum_{i=1}^{n} x_i$$

似然方程为

$$\frac{\partial \ln L(\lambda)}{\partial \lambda}=\frac{n}{\lambda}-\sum_{i=1}^{n} x_i=0$$

解得

$$\hat{\lambda}=\frac{n}{\sum\limits_{i=1}^{n} X_i}=\frac{1}{\bar{X}} \approx \frac{1}{317}$$

3. 设总体 X 的密度函数为 $f(x)=\dfrac{1}{2\sigma}e^{-\frac{|x|}{\sigma}}(-\infty<x<+\infty)$，从总体中抽取的样本为 $-5,-3,2,0,4,-2,3,1$，求 σ 的极大似然估计.

解　似然函数为

$$L(\sigma)=\prod_{i=1}^{n} \frac{1}{2\sigma} e^{-\frac{|x_i|}{\sigma}}=\left(\frac{1}{2\sigma}\right)^n e^{-\frac{1}{\sigma}\sum\limits_{i=1}^{n}|x_i|}$$

则

$$\ln L(\sigma)=n \ln \frac{1}{2\sigma}-\frac{1}{\sigma} \sum_{i=1}^{n}|x_i|$$

令

$$\frac{\partial \ln L(\sigma)}{\partial \sigma}=-n \frac{1}{\sigma}+\frac{\sum\limits_{i=1}^{n}|x_i|}{\sigma^2}=0$$

解得

$$\sigma=\frac{\sum_{i=1}^{n}|x_i|}{n}=\frac{20}{8}=2.5$$

4.设总体 X 服从 $(0,\theta)$ 上的均匀分布，$\theta>0$ 未知，求 θ 的矩估计量，并验证其无偏性.

解

$$f(x)=\begin{cases}\dfrac{1}{\theta} & (0<x<\theta)\\ 0 & (\text{其他})\end{cases}$$

$$E(X)=\int_{-\infty}^{+\infty}xf(x)\mathrm{d}x=\int_0^{\theta}\frac{x}{\theta}\mathrm{d}x=\frac{x^2}{2\theta}\bigg|_0^{\theta}=\frac{\theta}{2}$$

故 $\hat{\theta}=2\bar{X}$.

$$E(\hat{\theta})=E(2\bar{X})=2E(\bar{X})=2E\left(\frac{1}{n}\sum_{i=1}^{n}X_i\right)=\frac{2}{n}\sum_{i=1}^{n}E(X_i)=\frac{2}{n}\times n\times\frac{\theta}{2}=\theta$$

因此 $\hat{\theta}$ 是 θ 的无偏估计.

5.已知随机变量 X 的密度函数为

$$f(x)=\begin{cases}\dfrac{x}{\theta}\mathrm{e}^{-\frac{x^2}{2\theta}} & (x>0,\theta>0)\\ 0 & (x\leqslant 0)\end{cases}$$

$(X_1,X_2,\cdots,X_n)$ 为其一样本，求 θ 的极大似然估计，并问这个估计是否为无偏估计？

解 似然函数

$$L(\theta)=\prod_{i=1}^{n}\frac{x_i}{\theta}\mathrm{e}^{-\frac{x_i^2}{2\theta}}$$

$$\ln L(\theta)=\sum_{i=1}^{n}\ln x_i-n\ln\theta-\frac{1}{2\theta}\sum_{i=1}^{n}x_i^2$$

令

$$\frac{\partial\ln L(\theta)}{\partial\theta}=-\frac{n}{\theta}+\frac{1}{2\theta^2}\sum_{i=1}^{n}x_i^2=0$$

则

$$\hat{\theta}=\frac{\sum_{i=1}^{n}x_i^2}{2n}$$

$$E(X^2)=\int_0^{+\infty}x^2\,\frac{x}{\theta}\mathrm{e}^{-\frac{x^2}{2\theta}}\mathrm{d}x=-\int_0^{+\infty}x^2\mathrm{e}^{-\frac{x^2}{2\theta}}\mathrm{d}\left(-\frac{x^2}{2\theta}\right)=-\int_0^{+\infty}x^2\mathrm{d}\mathrm{e}^{-\frac{x^2}{2\theta}}=$$

$$-\left[x^2\mathrm{e}^{-\frac{x^2}{2\theta}}\bigg|_0^{+\infty}-\int_0^{+\infty}\mathrm{e}^{-\frac{x^2}{2\theta}}\mathrm{d}x^2\right]=-2\theta\int_0^{+\infty}\mathrm{e}^{-\frac{x^2}{2\theta}}\mathrm{d}\left(-\frac{x^2}{2\theta}\right)=$$

$$-2\theta\mathrm{e}^{-\frac{x^2}{2\theta}}\bigg|_0^{+\infty}=2\theta$$

$$E(\hat{\theta})=E\left(\frac{\sum_{i=1}^{n}X_i^2}{2n}\right)=\frac{1}{2n}\sum_{i=1}^{n}E(X_i^2)=\frac{1}{2n}\times\sum_{i=1}^{n}2\theta=\theta$$

因此这个估计是无偏估计.

6.已知$(X_1,X_2,\cdots,X_n)$为总体 X 的一个样本,其密度函数为

$$f(x)=\begin{cases}(\alpha+1)x^{\alpha} & (0<x<1,\alpha>-1)\\ 0 & (\text{其他})\end{cases}$$

求 α 的矩估计和极大似然估计.

解　矩估计:

$$\bar{X}=E(X)=\int_{-\infty}^{+\infty}x(\alpha+1)x^{\alpha}\mathrm{d}x=$$

$$\int_0^1\alpha x^{\alpha+1}\mathrm{d}x+\int_0^1x^{\alpha+1}\mathrm{d}x=$$

$$\alpha\frac{x^{\alpha+2}}{\alpha+2}\Big|_0^1+\frac{x^{\alpha+2}}{\alpha+2}\Big|_0^1=\frac{\alpha+1}{\alpha+2}$$

解得

$$\hat{\alpha}=\frac{1-2\bar{X}}{\bar{X}-1}$$

极大似然估计:

似然函数为

$$L(\alpha)=\prod_{i=1}^{n}(\alpha+1)x_i^{\alpha}$$

$$\ln L(\alpha)=n\ln(\alpha+1)+\alpha\sum_{i=1}^{n}\ln x_i$$

令

$$\frac{\partial\ln L(\alpha)}{\partial\alpha}=\frac{n}{\alpha+1}+\sum_{i=1}^{n}\ln x_i=0$$

解得

$$\hat{\alpha}=-1-\frac{n}{\sum_{i=1}^{n}\ln x_i}$$

7.设$(X_1,X_2,\cdots,X_n)$为总体 X 的一个样本,X 的密度函数

$$f(x)=\begin{cases}\beta x^{\beta-1} & (0<x<1,\beta>0)\\ 0 & (\text{其他})\end{cases}$$

求参数 β 的矩估计和最大似然估计.

解　(1) 矩估计:

因为$E(X)=\int_{-\infty}^{+\infty}xf(x)\mathrm{d}x=\int_0^1x\beta x^{\beta-1}\mathrm{d}x=\frac{\beta}{\beta+1}$,因为$E(X)=\bar{X}=\frac{1}{n}\sum_{i=1}^{n}X_i$,所以$\frac{\beta}{\beta+1}=$

$\overline{X}$,所以 $\hat{\beta}=\dfrac{\overline{X}}{1-\overline{X}}$.

(2) 极大似然估计

$$L=\beta^n\prod_{i=1}^{n}x_i^{\beta-1}$$

$$\ln L=n\ln\beta+(\beta-1)\sum_{i=1}^{n}\ln x_i$$

$\dfrac{\partial\ln L}{\partial\beta}=\dfrac{n}{\beta}+\sum\limits_{i=1}^{n}\ln x_i$,令$\dfrac{\partial\ln L}{\partial\beta}=0$,即$\dfrac{n}{\beta}+\sum\limits_{i=1}^{n}\ln x_i=0$,所以 $\hat{\beta}=-\dfrac{n}{\sum\limits_{i=1}^{n}\ln x_i}$

8. 设 X 服从参数为 λ 的泊松分布,试求参数 λ 的矩估计与极大似然估计.

解 (1) 矩估计:

因为 $E(X)=\lambda=D(X)$,$\overline{X}=E(X)=\lambda$,所以 $\hat{\lambda}=\overline{X}$.

(2) 极大似然估计:

$$L(\lambda)=\prod_{i=1}^{n}\frac{\lambda^{x_i}}{x_i}\mathrm{e}^{-\lambda}=\frac{\mathrm{e}^{-n\lambda}\lambda^{\sum\limits_{i=1}^{n}x_i}}{\prod\limits_{i=1}^{n}x_i}.$$

$$\ln L(\lambda)=-n\lambda+\sum_{i=1}^{n}x_i\ln\lambda-\sum_{i=1}^{n}\ln x_i$$

$$\frac{\partial\ln L(\lambda)}{\partial\lambda}=-n+\frac{\sum\limits_{i=1}^{n}x_i}{\lambda}=0$$

解得

$$\hat{\lambda}=\frac{1}{n}\sum_{i=1}^{n}x_i=\overline{x}$$

所以 $\hat{\lambda}=\overline{X}$.

9. 为估计一批产品的废品率 p,随机抽取一样本$(X_1,X_2,\cdots,X_n)$,其中 $X_i=\begin{cases}1 & (\text{取得废品})\\ 0 & (\text{取得合格品})\end{cases}$ $(i=1,2,\cdots,n)$,试证明 $\hat{p}=\overline{X}=\dfrac{1}{n}\sum\limits_{i=1}^{n}X_i$ 是 p 的无偏估计量.

证明 由题设 $E(X_i)=p\cdot 1+(1-p)\cdot 0=p$

$$E(\hat{p})=E(\overline{X})=E\left(\frac{1}{n}\sum_{i=1}^{n}X_i\right)=\frac{1}{n}\sum_{i=1}^{n}E(X_i)=\frac{1}{n}\sum_{i=1}^{n}p=\frac{1}{n}\cdot np=p$$

习题 5.3 解答

1. 已知总体 X 服从正态分布 $N(\mu,\sigma^2)$,今随机抽测一组样本其值为 3.3,-0.3,-0.6,-0.9.若 $\sigma^2=0.9$,求 μ 的置信水平为 0.95 的置信区间.

解　由题意知 $\bar{X} \sim N(\mu,\frac{\sigma^2}{n})$，$\sigma^2$ 已知求 μ 的置信区间.

$$P\left\{\left|\frac{\bar{X}-\mu}{\frac{\sigma}{\sqrt{n}}}\right|<U_{\frac{\alpha}{2}}\right\}=1-\alpha$$

即

$$P\left\{\bar{X}-U_{\frac{\alpha}{2}}\frac{\sigma}{\sqrt{n}}<\mu<\bar{X}+U_{\frac{\alpha}{2}}\frac{\sigma}{\sqrt{n}}\right\}=1-\alpha$$

故 μ 的置信水平为 0.95 的置信区间为

$$(\bar{X}-U_{\frac{\alpha}{2}}\frac{\sigma}{\sqrt{n}},\bar{X}+U_{\frac{\alpha}{2}}\frac{\sigma}{\sqrt{n}})$$

查表知 $U_{\frac{\alpha}{2}}=1.96$，由样本值可算得

$$\bar{X}=\frac{1}{4}\times(3.3-0.3-0.6-0.9)=0.375$$

因此 μ 的置信水平为 0.95 的置信区间为$(-0.555,1.305)$.

2. 已知某钢厂的铁水含碳量在正常生产情况下服从正态分布 $N(\mu,0.108^2)$，今随机地抽测 9 炉铁水，其平均含碳量为 4.484，按此资料计算该厂铁水平均含碳量的置信区间，并要求有 95% 的可靠性.

解　由题意知 $\bar{X} \sim N(\mu,\frac{\sigma^2}{n})$，$\sigma^2$ 已知求 μ 的置信区间.

$$P\left\{\left|\frac{\bar{X}-\mu}{\frac{\sigma}{\sqrt{n}}}\right|<U_{\frac{\alpha}{2}}\right\}=1-\alpha$$

即

$$P\left\{\bar{X}-U_{\frac{\alpha}{2}}\frac{\sigma}{\sqrt{n}}<\mu<\bar{X}+U_{\frac{\alpha}{2}}\frac{\sigma}{\sqrt{n}}\right\}=1-\alpha$$

故 μ 的置信水平为 0.95 的置信区间为$(\bar{X}-U_{\frac{\alpha}{2}}\frac{\sigma}{\sqrt{n}},\bar{X}+U_{\frac{\alpha}{2}}\frac{\sigma}{\sqrt{n}})$，查表知 $U_{\frac{\alpha}{2}}=1.96$，因此置信区间为$(4.413,4.555)$.

3. 一批零件的长度 X 服从正态分布 $N(\mu,\sigma^2)$，今从中随机地取出 9 个，测得其长度（单位：mm）分别为 21.1，21.3，21.4，21.5，21.3，21.7，21.4，21.3，21.6，试对这批零件长度的平均值进行区间估计（$\alpha=0.05$）.

解　σ^2 未知求 μ 的置信区间. 由样本值可算得 $\bar{X}=21.4$，$S=0.18$，$n=9$，$P\{|t|<t_{\frac{\alpha}{2}}(n-1)\}=P\left\{\left|\frac{\bar{X}-\mu}{\frac{S}{\sqrt{n}}}\right|<t_{\frac{\alpha}{2}}(n-1)\right\}=1-\alpha$

于是置信区间为

$$\left(\overline{X}-t_{\frac{\alpha}{2}}(n-1)\frac{S}{\sqrt{n}},\overline{X}+t_{\frac{\alpha}{2}}(n-1)\frac{S}{\sqrt{n}}\right)$$

代入数值得(21.27,21.53).

4.某商店购进一批桂圆,现从中随机抽取 8 包进行检查,结果(单位:g) 如下:502,505,499,501,498,497,499,501,已知这批桂圆的质量服从正态分布,试求该桂圆每包平均质量的置信水平为 0.95 的置信区间.

解 σ^2 未知求 μ 的置信区间.由样本值可算得

$$\overline{X}=500.25,\quad S=2.55,\quad n=8$$

$$P\{|t|<t_{\frac{\alpha}{2}}(n-1)\}=P\left\{\left|\frac{\overline{X}-\mu}{\frac{S}{\sqrt{n}}}\right|<t_{\frac{\alpha}{2}}(n-1)\right\}=1-\alpha$$

于是置信区间为$\left(\overline{X}-t_{\frac{\alpha}{2}}(n-1)\frac{S}{\sqrt{n}},\overline{X}+t_{\frac{\alpha}{2}}(n-1)\frac{S}{\sqrt{n}}\right)$,代入数值得(498.171,502.329).

5.假定新生婴儿(男孩)的体重 X 服从正态分布 $N(\mu,\sigma^2)$,今随机地抽取12名新生婴儿,测得其体重(单位:g) 分别为 3 100, 2 520, 3 000, 3 000, 3 600, 3 160, 3 560, 3 320, 2 880, 2 600, 3 400, 2 640,试求新生婴儿体重的方差的置信区间($\alpha=0.95$).

解 μ 未知求 σ^2 的置信区间.利用$\frac{(n-1)S^2}{\sigma^2}\sim\chi^2(n-1)$.

$$P\{\chi^2<\chi^2_{1-\frac{\alpha}{2}}(n-1)\}=P\{\chi^2>\chi^2_{\frac{\alpha}{2}}(n-1)\}=\frac{\alpha}{2}$$

于是

$$P\left\{\frac{(n-1)S^2}{\chi^2_{\frac{\alpha}{2}}(n-1)}<\frac{(n-1)S^2}{\sigma^2}<\frac{(n-1)S^2}{\chi^2_{1-\frac{\alpha}{2}}(n-1)}\right\}=1-\alpha$$

故置信区间为$\left(\frac{(n-1)S^2}{\chi^2_{\frac{\alpha}{2}}(n-1)},\frac{(n-1)S^2}{\chi^2_{1-\frac{\alpha}{2}}(n-1)}\right)$或$\left(\frac{\sum_{i=1}^{n}(X_i-\overline{X})^2}{\chi^2_{\frac{\alpha}{2}}(n-1)},\frac{\sum_{i=1}^{n}(X_i-\overline{X})^2}{\chi^2_{1-\frac{\alpha}{2}}(n-1)}\right)$.

由样本值得 $\overline{X}=3\ 065$,$S=363.7$,所以置信区间为(70 707, 460 158).

6.设 14 名足球运动员在比赛前的脉搏(12 s) 次数为 11, 13, 12, 12, 13, 16, 11, 11, 15, 12, 12, 13, 11, 11.假设脉搏次数 $X\sim N(\mu,\sigma^2)$,求 σ^2 的置信水平为 0.95 的置信区间.

解 μ 未知求 σ^2 的置信区间.利用$\frac{(n-1)S^2}{\sigma^2}\sim\chi^2(n-1)$

$$P\{\chi^2<\chi^2_{1-\frac{\alpha}{2}}(n-1)\}=P\{\chi^2>\chi^2_{\frac{\alpha}{2}}(n-1)\}=\frac{\alpha}{2}$$

于是

$$P\left\{\frac{(n-1)S^2}{\chi^2_{\frac{\alpha}{2}}(n-1)}<\frac{(n-1)S^2}{\sigma^2}<\frac{(n-1)S^2}{\chi^2_{1-\frac{\alpha}{2}}(n-1)}\right\}=1-\alpha$$

故置信区间为$\left(\frac{(n-1)S^2}{\chi^2_{\frac{\alpha}{2}}(n-1)},\frac{(n-1)S^2}{\chi^2_{1-\frac{\alpha}{2}}(n-1)}\right)$或$\left(\frac{\sum_{i=1}^{n}(X_i-\bar{X})^2}{\chi^2_{\frac{\alpha}{2}}(n-1)},\frac{\sum_{i=1}^{n}(X_i-\bar{X})^2}{\chi^2_{1-\frac{\alpha}{2}}(n-1)}\right)$，所以置信区间为(1.11,5.47).

7.随机地从一批零件中抽取16个，测得长度(cm)为2.14，2.10，2.13，2.15，2.13，2.12，2.13，2.10，2.15，2.12，2.14，2.10，2.13，2.11，2.14，2.11，设零件长度分布为正态分布，试求在下列两种情况下，总体μ的置信水平为90%的置信区间：(1) 若$\sigma=0.01$ cm；(2) 若σ未知.

解　(1) 当$\sigma_0=0.01$ cm为已知时，置信区间为

$$\left(\bar{X}-U_{\frac{\alpha}{2}}\frac{\sigma}{\sqrt{n}},\bar{X}+U_{\frac{\alpha}{2}}\frac{\sigma}{\sqrt{n}}\right)=(2.117\,5,2.132\,5)$$

(2) 当σ_0未知时，置信区间$\left(\bar{X}-t_{\frac{\alpha}{2}}(n)\frac{S}{\sqrt{n}},\bar{X}+t_{\frac{\alpha}{2}}(n)\frac{S}{\sqrt{n}}\right)=(2.117\,5,2.132\,5)$.

8.某厂利用两条自动化流水线灌装番茄酱，分别在两条流水线上抽取样本X_1，$X_2,\cdots,X_{12}$及$Y_1,Y_2,\cdots,Y_{17}$，算出$\bar{X}=10.6$ g，$\bar{Y}=9.5$ g，$S_1^2=2.4$，$S_2^2=4.7$，假设在这两条流水线上灌装的番茄酱的质量都服从正态分布，且相互独立，其均值分别为μ_1,μ_2，设两条流水线的总体方差$\sigma_1^2=\sigma_2^2$，求$\mu_1-\mu_2$的置信水平为95%的置信区间.

解　求$\mu_1\sim\mu_2$的置信区间，且$\sigma_1^2=\sigma_2^2=\sigma^2$未知.

$$(\bar{X}-\bar{Y}\pm t_{\frac{\alpha}{2}}(n_1+n_2-2)S_w\cdot\sqrt{\frac{1}{n_1}+\frac{1}{n_2}})$$

或

$$\left(\bar{X}-\bar{Y}\pm t_{\frac{\alpha}{2}}(n_1+n_2-2)\sqrt{\frac{(n_1+n_2)[(n_1-1)S_1^2+(n_2-1)S_2^2]}{n_1n_2(n_1+n_2-2)}}\right)$$

查表得

$$t_{0.025}(12+17-2)=20.518$$

代入数值计算得$\mu_1-\mu_2$的置信区间为$(-0.401,2.601)$.

5.4　单元测试

一、填空题

1.设总体$X\sim B(n,p)$，$0<p<1$，$(X_1,X_2,\cdots,X_n)$为其子样，则n及p的矩估计分别是________、________.

2.设总体$X\sim U[0,\theta]$，$(X_1,X_2,\cdots,X_n)$是来自X的样本，则θ的极大似然估计量是________.

3.设总体$X\sim N(\mu,0.9^2)$，$X_1,X_2,\cdots,X_9$是容量为9的简单随机样本，均值$\bar{x}=5$，则

未知参数 μ 的置信水平为 0.95 的置信区间是________.

4. 测得自动车床加工的 10 个零件的尺寸与规定尺寸的偏差(μm) 分别为：+2，+1，−2，+3，+2，+4，−2，+5，+3，+4，则零件尺寸偏差的数学期望的无偏估计量是________.

5. 在上述第 4 题的条件下，计算零件尺寸偏差的方差的无偏估计量为________.

6. 从总体中随机地抽取容量为 n 的一个样本 $(X_1, X_2, \cdots, X_n)$，若满足：________、________、________，则称此样本为简单的随机样本.

7. 设 $(X_1, X_2, \cdots, X_n)$ 是总体 X 的一个样本，并且 $E(X)=\mu, D(X)=\sigma^2$，则 $E(\bar{X})=$________；$D(\bar{X})=$________.

8. 设总体 $X \sim N(\mu, \sigma^2)$，样本容量为 n，则 $\bar{X} \sim$________；$\frac{(n-1)S^2}{\sigma^2} \sim$________.

9. 设总体 $X \sim N(4, 40)$，$(X_1, X_2, \cdots, X_8)$ 是 X 的一个容量为 10 的样本，则 $\bar{X}$ 的密度函数为________.

10. 设总体 $X \sim N(\mu, \sigma^2)$，样本容量为 n，则 $\frac{\bar{X}-\mu}{\sqrt{\frac{\sigma^2}{n}}} \sim$________；$\frac{\bar{X}-\mu}{\sqrt{\frac{S^2}{n}}} \sim$________.

二、选择题

1. 设 $(X_1, X_2, \cdots, X_n)$ 是取自总体 X 的一个简单样本，则 $E(X^2)$ 的矩估计是(　　).

A. $S_1^2=\frac{1}{n-1}\sum_{i=1}^{n}(X_i-\bar{X})^2$　　B. $S_2^2=\frac{1}{n}\sum_{i=1}^{n}(X_i-\bar{X})^2$

C. $S_1^2+\bar{X}^2$　　D. $S_2^2+\bar{X}^2$

2. 总体 $X \sim N(\mu, \sigma^2)$，σ^2 已知，$n \geqslant$(　　)时，才能使总体均值 μ 的置信水平为 0.95 的置信区间长不大于 L.

A. $\frac{15\sigma^2}{L^2}$　　B. $\frac{15.3664\sigma^2}{L^2}$　　C. $\frac{16\sigma^2}{L^2}$　　D. 16

3. 设 $(X_1, X_2, \cdots, X_n)$ 为总体 X 的一个随机样本，$E(X)=\mu, D(X)=\sigma^2$，$\hat{\theta}^2=C\sum_{i=1}^{n-1}(X_{i+1}-X_i)^2$ 为 σ^2 的无偏估计，$C=$(　　).

A. $\frac{1}{n}$　　B. $\frac{1}{n-1}$　　C. $\frac{1}{2(n-1)}$　　D. $\frac{1}{(n-2)}$

4. 设总体 X 服从正态分布 $N(\mu, \sigma^2)$，$(X_1, X_2, \cdots, X_n)$ 是来自 X 的一个样本，则 σ^2 的极大似然估计为(　　).

A. $\frac{1}{n}\sum_{i=1}^{n}(X_i-\bar{X})^2$　　B. $\frac{1}{n-1}\sum_{i=1}^{n}(X_i-\bar{X})^2$

C. $\frac{1}{n}\sum_{i=1}^{n}X_i^2$　　D. $\bar{X}^2$

5. 在第 4 题的条件下，σ^2 的无偏估计量是（　　）.

A. $\frac{1}{n}\sum_{i=1}^{n}(X_i-\overline{X})^2$　　B. $\frac{1}{n-1}\sum_{i=1}^{n}(X_i-\overline{X})^2$

C. $\frac{1}{n}\sum_{i=1}^{n}X_i^2$　　D. $\overline{X}^2$

6. 若总体 $X\sim N(\mu,\sigma^2)$，当 μ 已知时，(X_1,X_2,X_3,X_4) 是总体 X 的一个样本，则下列选项中不是统计量的是（　　）.

A. X_1+5X_4　　B. $\sum_{i=1}^{n}X_i-\mu$

C. $X_1-\sigma$　　D. $\sum_{i=1}^{n}X_i^2$

7. 总体 $X\sim N(2,9)$，$(X_1,X_2,\cdots,X_{10})$ 是总体 X 的一个样本，则（　　）.

A. $\overline{X}\sim N(20,90)$　　B. $\overline{X}\sim N(2,0.9)$

C. $\overline{X}\sim N(2,9)$　　D. $\overline{X}\sim N(20,9)$

8. 若总体 $X\sim N(1,9)$，$(X_1,X_2,\cdots,X_9)$ 是总体 X 的一个样本，则（　　）.

A. $\frac{\overline{X}-1}{3}\sim N(0,1)$　　B. $\frac{\overline{X}-1}{1}\sim N(0,1)$

C. $\frac{\overline{X}-1}{9}\sim N(0,1)$　　D. $\frac{\overline{X}-1}{\sqrt{3}}\sim N(0,1)$

9. 设 $X\sim N(\mu,\sigma^2)$，$(X_1,X_2,\cdots,X_8)$ 为 X 的一个样本，$S^2=\frac{1}{7}\sum_{i=1}^{8}(X_i-\overline{X})^2$，则下列各选项成立的是（　　）.

A. $\frac{\overline{X}-\mu}{\sigma}\sqrt{8}\sim t(8)$　　B. $\frac{\overline{X}-\mu}{S}\sqrt{8}\sim t(8)$

C. $\frac{\overline{X}-\mu}{\sigma}\sqrt{8}\sim t(7)$　　D. $\frac{\overline{X}-\mu}{S}\sqrt{8}\sim t(7)$

10. 设 $\hat{\theta}_1$ 和 $\hat{\theta}_2$ 是总体参数 θ 的两个估计量，若 $\hat{\theta}_1$ 比 $\hat{\theta}_2$ 更有效，是指（　　）.

A. $E(\hat{\theta}_1)=E(\hat{\theta}_2)=\theta$，且 $\hat{\theta}_1<\hat{\theta}_2$　　B. $E(\hat{\theta}_1)=E(\hat{\theta}_2)=\theta$，且 $\hat{\theta}_1>\hat{\theta}_2$

C. $E(\hat{\theta}_1)=E(\hat{\theta}_2)=\theta$，且 $D(\hat{\theta}_1)<D(\hat{\theta}_2)$　D. $D(\hat{\theta}_1)<D(\hat{\theta}_2)$

5.5　单元测试答案

一、填空题

1. $\frac{\overline{X}}{p}$　$1-\frac{S^2}{\overline{X}}$　2. $\max\{X_1,X_2,\cdots,X_n\}$　3. $(4.412,5.588)$　4. 2　5. 5.78　6. 随机

性　代表性　独立性　7. μ　$\frac{\sigma^2}{n}$　8. $N(\mu,\frac{\sigma^2}{n})$　$\chi^2(n-1)$　9. $f(x)=\frac{1}{\sqrt{8\pi}}e^{-\frac{(x-4)^2}{8}}$ $(-\infty<x<+\infty)$　10. $N(0,1)$　$t(n-1)$

二、选择题

1.D　2.B　3.C　4.A　5.B　6.C　7.B　8.B　9.D　10.C

第6章 假设检验

6.1 内容提要

1. 假设检验

先对总体的概率分布和分布律中的未知参数做出假设,然后根据样本提供的信息,利用统计分析的方法按照一定的准则和程序来检验这一假设是否正确,从而做出接受与拒绝的决定,这就是假设检验.

2. 假设检验的基本原理

(1) 小概率事件原理:一个小概率($p < 0.05$)事件在一次随机试验中可以视为是不可能发生的.

(2) 概率意义上的"反证法":先建立统计假设 H_0,在假设为真的前提下,若计算结果与"小概率原理"相矛盾,则拒绝原假设 H_0,否则不拒绝 H_0.

(3) 两类错误:"取伪"与"弃真".

(4) 原假设 H_0 与备择假设 H_1.

(5) 显著性水平 α,可靠性 $1-\alpha$ 与拒绝域.

(6) 双侧检验与单侧检验:注意单侧检验与双侧检验在置信度、临界值以及拒绝域等方面的不同.

3. 假设检验的基本步骤

根据以上的讨论与分析可将假设检验的基本步骤概括如下:

(1) 根据实际问题提出假设 H_0 与对立假设 H_1,即说明需要检验的假设 H_0 的具体内容;

(2) 选取适当的统计量,并在假设 H_0 成立的条件下,计算与确定该统计量的分布;

(3) 按问题的具体要求,选取适当的显著水平 α 并根据统计量的分布查表,确定 α 的临界值;

(4) 根据样本的观测值计算统计量的值,与其临界值比较,从而判断是接受还是拒绝

假设 H_0

4. **两类错误**

采用统计假设检验方法,其目的只是做出有一定程度的判断,因此,在实际应用中,难免会做出两类错误的判断.

(1) 若原假设 H_0 实际上是正确的,但我们却拒绝了它,这是犯了"弃真"的错误,通常称第一类错误;

(2) 若原假设 H_0 实际上是不正确的,但我们却错误地接受了它,这是犯了"取伪"的错误,通常称第二类错误.

接受 H_0,认为两总体方差 $\sigma_1^2=\sigma_2^2$.

5. **常用的假设检验方法**

正态总体参数显著性检验表

名称	条件	假设 H_0	拒绝域	统计量
U 检验	$X\sim N(\mu,\sigma^2)$ σ^2已知	$\mu=\mu_0$	$\lvert U\rvert\geqslant U_{\frac{\alpha}{2}}$	$U=\dfrac{\overline{X}-\mu_0}{\sigma}\sqrt{n}$
		$\mu\leqslant\mu_0$	$U\geqslant U_\alpha$	
		$\mu\geqslant\mu_0$	$U\leqslant -U_\alpha$	
t 检验	$X\sim N(\mu,\sigma^2)$ σ^2未知	$\mu=\mu_0$	$\lvert t\rvert\geqslant t_{\frac{\alpha}{2}}(n-1)$	$t=\dfrac{\overline{X}-\mu_0}{S}\sqrt{n}$
		$\mu\leqslant\mu_0$	$t\geqslant t_\alpha(n-1)$	
		$\mu\geqslant\mu_0$	$t\leqslant -t_\alpha(n-1)$	
	$X\sim N(\mu_1,\sigma^2)$ $Y\sim N(\mu_2,\sigma^2)$ σ^2未知	$\mu=\mu_0$	$\lvert t\rvert\geqslant t_{\frac{\alpha}{2}}(n_1+n_2-2)$	$t=\dfrac{\overline{X}-\overline{Y}}{S_w\sqrt{\dfrac{1}{n_1}+\dfrac{1}{n_2}}}$
		$\mu\leqslant\mu_0$	$t\geqslant t_\alpha(n_1+n_2-2)$	
		$\mu\geqslant\mu_0$	$t\leqslant -t_\alpha(n_1+n_2-2)$	
χ^2 检验	$X\sim N(\mu,\sigma^2)$ μ未知	$\sigma^2=\sigma_0^2$	$\chi^2\leqslant\chi^2_{1-\frac{\alpha}{2}}(n-1)$ 或 $\chi^2\geqslant\chi^2_{\frac{\alpha}{2}}(n-1)$	$\chi^2=\dfrac{(n-1)S^2}{\sigma_0^2}$
		$\sigma^2\leqslant\sigma_0^2$	$\chi^2\geqslant\chi^2_\alpha(n-1)$	
		$\sigma^2\geqslant\sigma_0^2$	$\chi^2\leqslant\chi^2_{1-\alpha}(n-1)$	
F 检验	$X\sim N(\mu_1,\sigma_1^2)$ $Y\sim N(\mu_2,\sigma_2^2)$ μ_1,μ_2未知	$\sigma_1^2=\sigma_2^2$	$F\leqslant F_{1-\frac{\alpha}{2}}(n_1-1,n_2-1)$ 或 $F\geqslant F_{\frac{\alpha}{2}}(n_1-1,n_2-1)$	$F=\dfrac{S_1^2}{S_2^2}$
		$\sigma_1^2\leqslant\sigma_2^2$	$F\geqslant F_\alpha(n_1-1,n_2-1)$	
		$\sigma_1^2\geqslant\sigma_2^2$	$F\leqslant F_{1-\alpha}(n_1-1,n_2-1)$	

6.2 典型题精解

例 1 某工厂生产的产品用包装机包装,额定标准为每袋净重 50 kg. 根据长期积累的资料可知，每袋的质量服从 $\sigma=0.55$ 的正态分布，今从某天的包装中随机取出 9 袋，称得净重(单位:kg)：49.35，49.65，50.25，50.6，49.15，49.75，51.05，50.25，49.85，问这天包装机的工作是否正常？

解　① 提出原假设 $H_0:\mu=50$，备择假设 $H_1:\mu\neq 50$；

② 因为 σ 已知，选择统计量 $U=\frac{\overline{X}-\mu_0}{\sigma}\sqrt{n}$，计算统计量 $U=\frac{\overline{X}-\mu}{\frac{\sigma}{\sqrt{n}}}=\frac{509-500}{\frac{15}{\sqrt{9}}}=-0.06$；

③ 由 $\alpha=0.05$，得临界值 $U_{\frac{\alpha}{2}}=U_{0.025}=1.96$；

④ 所以 $|U|=0.06<1.96=U_{\frac{\alpha}{2}}$.

因此接受原假设 H_0，即认为包装机工作是正常的.

例 2　设某次考试的考生成绩服从正态分布，从中随机抽取 36 位考生的成绩，算得其平均成绩为 66.5 分，标准差为 15 分，问在显著性水平 $\alpha=0.05$ 下，是否可以认为这次考试全体考生的平均成绩为 70 分？

解　① 提出原假设 $H_0:\mu=70$，备择假设 $H_1:\mu\neq 70$；

② 因为 σ 未知，选择统计量 $t=\frac{\overline{X}-\mu_0}{S}\sqrt{n}$，计算 $t=\frac{\overline{X}-\mu_0}{S}\sqrt{n}=\frac{66.5-70}{15}\sqrt{36}\approx -1.4$；

③ 查正态分布数值表 $\Phi(x)=0.975$，得到 $\lambda=1.96$；

④ 由于 $|U|=\left|\frac{\overline{X}-\mu_0}{\sigma}\sqrt{n}\right|=\left|\frac{1\,637-1\,600}{150}\sqrt{26}\right|\approx 1.258<1.96$，未落入否定域，因此不能否定这批产品的该项指标为 1 600.

例 3　根据以往的调查，某城市一个家庭每月的耗电量服从正态分布 $X\sim N(32,10^2)$，为了确定今年家庭平均每月耗电量有没有提高，随机抽查 100 个家庭，统计得他们每月耗电量的平均值为 34.25. 对此调查结果，你能得出什么结论($\alpha=0.05$)？

解　① 提出原假设 $H_0:\mu=32$，备择假设 $H_1:\mu>32$；

② 因为 σ 已知，选择统计量 $U=\frac{\overline{X}-\mu_0}{\sigma}\sqrt{n}$，计算 $U=\frac{\overline{X}-\mu_0}{\sigma}\sqrt{n}=\frac{34.25-32}{10}\sqrt{100}=2.25$；

③ 查正态分布数值表 $U_{0.05}=1.645$；

④ 由于 $U=\frac{\overline{X}-\mu_0}{\sigma}\sqrt{n}=\frac{34.25-32}{10}\sqrt{100}=2.25>U_{0.05}=1.645$，因此拒绝 H_0，即可认为今年每个家庭平均月耗电量已经提高了.

例 4　某型号手机，根据国际标准其发射功率的标准差不小于 10 mW. 从生产的一批手机中抽取样品 10 台，测得样本标准差为 8 mW. 设这种手机的发射功率服从正态分布 $N(\mu,\sigma^2)$，问在显著性水平 $\alpha=0.05$ 下能否认为这批手机的发射功率的标准差显著偏小？

解　① 提出原假设 $H_0:\sigma^2=10^2$，备择假设 $H_1:\sigma^2<10^2$；

② 选择统计量$\chi^2=\frac{(n-1)S^2}{\sigma_0^2}$,计算$\chi^2=\frac{(n-1)S^2}{\sigma_0^2}=\frac{(10-1)\times 8^2}{10^2}=5.76$;

③ 查χ^2分布表$\chi_{0.95}^2(9)=3.325$;

④ 由于$\chi^2=\frac{(n-1)S^2}{\sigma_0^2}=\frac{(10-1)\times 8^2}{10^2}=5.76>\chi_{0.95}^2(9)$,因此接受$H_0$,即认为该批手机发射功率的标准差并非明显偏小.

例 5 为了比较不同季节出生的新生儿体重的方差,从某年 12 月及次年 6 月的新生儿中分别随机抽取 6 名及 10 名,测得其体重(单位:g) 如下:

12 月	3 520	2 960	3 260	2 560	2 960	3 960				
6 月	3 220	3 760	3 000	3 220	3 740	2 920	3 080	2 940	3 060	3 060

假定新生儿体重服从正态分布,问新生儿体重的方差在冬季与夏季是否有明显差异($\alpha=0.05$)?

解 ① 提出原假设$H_0:\sigma_1^2=\sigma_2^2$,备择假设$H_1:\sigma_1^2\neq\sigma_2^2$;

② 双总体方差检验,用F检验法,选择统计量$F=\frac{S_1^2}{S_2^2}$,计算$F=\frac{S_1^2}{S_2^2}=\frac{505\ 667}{93\ 556}=5.382$;

③ 查F分布表$F_{0.025}(5,9)=4.48$,$F_{0.975}(5,9)=\frac{1}{F_{0.025}(9,5)}=\frac{1}{6.68}$;

④ 由于$F=\frac{S_1^2}{S_2^2}=\frac{505\ 667}{93\ 556}=5.382>F_{0.025}(5,9)=4.48$,因此拒绝$H_0$,即认为冬季与夏季出生的新生儿体重的方差有明显的差异.

6.3 同步习题解析

习题 6.2 解答

1. 设某产品的某项质量指标服从正态分布,已知它的标准差$\sigma=150$,现从一批产品中随机抽取了 26 个,测得该项指标的平均值为 1 637,问能否认为这批产品的该项指标值为 1 600($\alpha=0.05$)?

解 ① 提出原假设:$H_0:\mu=1\ 600$,备择假设$H_1:\mu\neq 1\ 600$;

② 选统计量得$U=\left|\frac{\bar{x}-1\ 600}{\left(\frac{150}{\sqrt{26}}\right)}\right|=1.258$;

③ 查正态分布表$\Phi(x)=0.975$,所以$x=1.96$;

④ 结论:$|U|=1.258<1.96$未落入否定域,可认为这批产品的该项指标值为 1 600.

2. 用某台机器加工某种零件,规定零件长度为 100 cm,标准差不超过 2 cm,每天定时检查机器的运行情况,某日抽取 10 个零件,测得平均长度$\bar{X}=101$ cm,样本标准差$S=$

2 cm，设加工的零件长度服从正态分布，问该日机器工作是否正常（$\alpha=0.05$）？

解　该问题需对长度与标准差分别进行检验：

(1) 对长度：设 $H_{01}:\mu=\mu_0=100$，$H_{11}:\mu\neq\mu_0\neq100$，是 t 检验，统计量 $t=\frac{\overline{X}-\mu_0}{S}\sqrt{n}$.

拒绝域 $|t|\geqslant\frac{t_\alpha}{2}(n-1)$，将 $\overline{X}=101$，$n=10$，$S=2$，代入 $t=\frac{101-100}{2}\sqrt{10}\approx1.5811$.

查表 $t_{0.025}(9)=2.2622$，因为 $|t|=1.5811<2.2622$，接受 H_{01}，即认为 $\mu_0=100$.

(2) 对方差：$H_{02}:\sigma^2=\sigma_0^2=2^2$，$H_{12}:\sigma^2>\sigma_0^2=2^2$，这是$\chi^2$ 检验问题，统计量$\chi^2(n-1)=\frac{(n-1)S^2}{\sigma_0^2}$.

拒绝域：$\chi^2\geqslant\chi^2(n-1)$，计算$\chi^2(n-1)=\frac{(n-1)S^2}{{\sigma_0}^2}=\frac{9\times2^2}{2^2}=9$，由 $\alpha=0.05$，查表 $\chi^2_{0.025}=16.9$，因为$\chi^2(n)=9<16.9$，故接受 H_{02}，即认为 $\sigma^2=2^2$.

综合(1)，(2)，可认为该日机器工作状态正常.

3. 设某次考试的学生成绩服从正态分布，从中随机地抽取 36 位考生的成绩，算得平均成绩为 66.5 分，标准差为 15 分. 问在显著水平 $\alpha=0.05$ 的情况下，是否可以认为这次考试全体考生的平均成绩为 70 分？

解　设考试学生成绩为 X，则 $X\sim N(\mu,\sigma^2)$，μ 与 σ^2 未知.

设 $H_0:\mu=70$，$H_1:\mu\neq70$，这是 t 检验，统计量

$$t=\frac{\overline{X}-70}{\frac{S}{\sqrt{n}}}=\frac{66.5-70}{\frac{15}{\sqrt{36}}}\approx-1.4$$

查表得 $t_{0.025}(35)=2.0301$，拒绝域 $|t|\geqslant t_{\frac{\alpha}{2}}(n-1)$，即 $1.4<2.0301$，故接受 H_0，可认为这次考试全体学生的平均成绩为 70 分.

4. 在上述第 3 题的条件下，在显著水平 $\alpha=0.05$ 的情况下，是否可以认为这次考试考生的成绩的方差为16^2？

解　在上述第 3 题的条件下，

设 $H_2:\sigma_1^2=16^2$，$H_3:\sigma_1^2\neq16^2$，这是χ^2 检验问题，统计量

$$\chi^2(\alpha)=\frac{(n-1)15^2}{\sigma_0^2}=\frac{35\times15^2}{16^2}=30.762$$

查表$\chi^2_{0.025}(35)=53.2033$，$\chi^2_{0.975}(35)=20.5694$，因 $20.5694<\chi^2_\alpha<53.2033$，故接受 $H_2:\sigma_1^2=16^2$.

即可认为这次考试考生的成绩方差为16^2.

5. 假设某厂生产的一种钢索的裂断强度 $X\sim N(\mu,40^2)$，从中选取一个容量为 9 的样本，经计算得 $\overline{X}=780$ kg/cm^2，能否据此样本认为这批钢索的断裂强度为 800 kg/cm^2（$\alpha=0.05$）？

解 根据题中所给条件，所有样本来自正态总体，方差已知. 对总体均值 μ 是否等于800进行检验的问题，可采用 U 检验法.

设 $H_0: \mu=800, H_1: \mu\neq 800$.

选取统计量 $U=\dfrac{\overline{X}-\mu}{\frac{\sigma}{\sqrt{n}}}$.

在原假设成立的条件下，统计量 $U\sim N(0,1)$，由 $\alpha=0.05$ 查表可知 $U_{\frac{\alpha}{2}}=U_{0.025}=1.96$，使得 $P\{|U|>1.96\}=0.05$，而由样本值可计算

$$|U|=\left|\frac{\overline{X}-\mu}{\frac{\sigma}{\sqrt{n}}}\right|=\left|\frac{780-800}{\frac{40}{\sqrt{9}}}\right|=1.5<1.96$$

故可认为这批钢索的断裂强度为 800 kg/cm^2.

6. 某糖厂用自动打包机打包，每包标准质量100 kg. 每天开工后需要检查一次打包机是否正常，即检查打包机是否有系统偏差. 某日开工后测得9包质量(单位:kg) 分别为 99.3，98.7，100.5，101.2，98.3，99.7，99.5，102.1，100.5，问打包机是否正常($\alpha=0.05$；已知包质量 X 服从正态分布 $N(\mu,\sigma^2)$，且 $\sigma^2=1$).

解 根据题中所给条件，所有样本来自正态总体，方差已知. 对总体均值 μ 是否等于100进行检验的问题，可采用 U 检验法.

设 $H_0: \mu=100, H_1: \mu\neq 100$.

选取统计量 $U=\dfrac{\overline{X}-\mu}{\frac{\sigma}{\sqrt{n}}}$. 由样本值可得

$$\overline{X}=\frac{1}{9}\sum_{i=1}^{9}X_i=\frac{1}{9}\times(99.3+98.7+100.5+101.2+98.3+99.7+99.5+102.1+100.5)=\frac{1}{9}\times 899.8=99.98$$

在原假设成立的条件下，统计量 $U\sim N(0,1)$，由 $\alpha=0.05$ 查表可知 $U_{\frac{\alpha}{2}}=U_{0.025}=1.96$，使 $P\{|U|>1.96\}=0.05$. 由样本值可得

$$|U|=\left|\frac{\overline{X}-\mu}{\frac{\sigma}{\sqrt{n}}}\right|=\left|\frac{99.98-100}{\frac{1}{\sqrt{9}}}\right|=0.06<1.96$$

故可以认为打包机是正常工作的.

7. 正常人的脉搏平均为72次/min，某医生测得10例慢性四乙基铅中毒者的脉搏(次/min) 分别为54，67，68，78，70，66，67，70，65，69，问四乙基铅中毒者和正常人有无显著差异?(已知四乙基铅中毒者的脉搏服从正态分布；$\alpha=0.05$).

解　根据题中所给条件，所有样本来自正态总体，方差未知. 对总体均值 μ 是否等于 72 进行检验的问题，可采用 t 检验法.

设 $H_0: \mu = 72, H_1: \mu \neq 72$.

选取统计量 $t = \dfrac{\overline{X} - \mu}{\dfrac{S}{\sqrt{n}}}$.

由样本值可得

$$\overline{X} = \frac{1}{10}\sum_{i=1}^{10} X_i = \frac{1}{10} \times (54 + 67 + 68 + 78 + 70 + 66 + 67 + 70 + 65 + 69) = \frac{1}{10} \times 674 = 67.4$$

$$S^2 = \frac{1}{10-1}\sum_{i=1}^{10}(X_i - \overline{X})^2 = \frac{1}{10-1} \times [(54 - 67.4)^2 + (67 - 67.4)^2 + (68 - 67.4)^2 + (78 - 67.4)^2 + (70 - 67.4)^2 + (66 - 67.4)^2 + (67 - 67.4)^2 + (70 - 67.4)^2 + (65 - 67.4)^2 + (69 - 67.4)^2] = 35.156$$

在原假设成立的条件下，统计量 $t \sim t(10-1)$，由 $\alpha = 0.05$ 查表可知 $t_{\frac{\alpha}{2}} = t_{0.025} = 2.2622$，使 $P\{|t| > 2.2622\} = 0.05$. 由样本值可得

$$|t| = \left|\frac{\overline{X} - \mu}{\dfrac{S}{\sqrt{n}}}\right| = \left|\frac{67.4 - 72}{\dfrac{5.9292}{\sqrt{10}}}\right| = 2.45 > 1.96$$

故可认为四乙基铅中毒者和正常人的脉搏有显著差异.

8. 用热敏电阻测温仪间接测量地热勘探井底温度，重复测量 7 次，测得温度(单位：℃)为 112.0，113.4，111.2，112.0，114.5，112.9，113.6，而用某种精确的办法测得温度为 112.6(可看作温度真值). 试问用热敏电阻测温仪间接测量地热勘探井底温度有无系统偏差？($\alpha = 0.05$)

解　根据题中所给条件，所有样本来自正态总体，方差未知. 对总体均值 μ 是否等于 112.6 进行检验的问题，可采用 t 检验法.

设 $H_0: \mu = 112.6, H_1: \mu \neq 112.6$.

选取统计量 $t = \dfrac{\overline{X} - \mu}{\dfrac{S}{\sqrt{n}}}$. 由样本值可算得

$$\overline{X} = \frac{1}{7}\sum_{i=1}^{7} X_i = \frac{1}{7} \times (112.0 + 113.4 + 111.2 + 112.0 + 114.5 + 112.9 + 113.6) = \frac{1}{7} \times 789.6 = 112.8$$

$$S^2 = \frac{1}{7-1}\sum_{i=1}^{7}(X_i - \overline{X})^2 = \frac{1}{7-1} \times [(112.0 - 112.8)^2 + (113.4 - 112.8)^2 + (111.2 - 112.8)^2 + (112.0 - 112.8)^2 + (114.5 - 112.8)^2 +$$

$(112.9-112.8)^2+(113.6-112.8)^2]=1.29$

在原假设成立的条件下，统计量 $t\sim t(7-1)$，由 $\alpha=0.05$ 查表可知 $t_{\frac{\alpha}{2}}(7)=t_{0.025}(7)=2.3646$，得 $P\{|t|>2.3646\}=0.05$. 由样本值可得

$$|t|=\left|\frac{\bar{X}-\mu}{\frac{S}{\sqrt{n}}}\right|=\left|\frac{112.8-112.6}{\frac{1.1356}{\sqrt{7}}}\right|=0.466<2.365$$

故可认为无系统偏差.

9. 某种导线要求其电阻的标准差不得超过 0.005 Ω. 现在生产的一批导线中取样本 9 根，测得 $S=0.007$ Ω. 设总体服从正态分布，问在显著性水平 $\alpha=0.05$ 的情况下能认为这批导线的标准差显著偏大吗？

解　根据题中所给条件，所有样本来自正态总体，总体均值 μ 未知. 对总体方差 σ^2 是否大于 0.05 进行检验的问题，可采用 χ^2 检验法.

设 $H_0:\sigma^2\leqslant 0.005^2$，$H_1$：

选取统计量 $\chi^2=\dfrac{(n-1)S^2}{\sigma^2}$.

在原假设成立的条件下，统计量 $\chi^2\sim\chi^2(9-1)$，由 $\alpha=0.05$ 查表可知 $\chi_\alpha(8)=\chi_{0.05}(8)=15.5073$，由于 $\chi^2=\dfrac{(9-1)\times 0.007^2}{0.005^2}=15.68>15.5073$.

故可认为这批导线的标准差显著偏大.

习题 6.3 解答

1. 从某锌矿的东西两支矿脉中，各取容量为 9 和 8 的样本进行分析，计算其样本含锌量的平均值与方差分别为东支：$\bar{X}=0.230$，$S_1^2=0.1337$，$n_1=9$；西支：$\bar{Y}=0.269$，$S_2^2=0.1736$，$n_2=8$. 假定东西两支矿脉的含锌量都服从正态分布，对 $\alpha=0.05$，问能否认为两支矿脉的含锌量相同？

解　设东支矿脉含锌量为 X，$X\sim N(\mu_1,\sigma_1^2)$；西支矿脉含锌量为 y，$Y\sim N(\mu_2,\sigma_2^2)$，对 μ 与 σ 分别进行检验：

(1) 设 $H_{01}:\sigma_1^2=\sigma_2^2$，$H_{11}:\sigma_1^2\neq\sigma_2^2$，属于 F 检验

$$F=\frac{S_1^2}{S_2^2}=\frac{0.1337}{0.1736}=0.7702$$

查表 $F_{0.975}(8,7)=\dfrac{1}{4.53}$，拒绝域 $F\geqslant F_{1-\frac{\alpha}{2}}(n_1-1,n_2-1)$，显然 $\dfrac{1}{4.53}<F<4.90$，$F_{0.025}(8,7)=4.90$.

所以接受 H_{01}，即认为 $\sigma_1^2=\sigma_2^2$.

(2) 设 $H_{02}:\mu_1=\mu_2$，$H_{12}:\mu_1\neq\mu_2$，属于 t 检验，

$$t=\frac{\overline{X}-\overline{Y}}{S_w\sqrt{\frac{1}{n_1}+\frac{1}{n_2}}}=-a$$

查表 $t_{0.025}(15)=2.1315$,因 $|t|<2.1315$,故接受 H_{02},$\mu_1=\mu_2$.

综上(1),(2) 可以认为两支矿脉含锌量相同.

2. 在两种品牌的日光灯中各取样本容量为 $n_1=11$,$n_2=15$ 的样本,测得灯泡的寿命(单位:h) 的样本方差分别为 $S_1^2=9\ 304$,$S_2^2=4\ 901$,假设两样本是相互独立的,并且两总体分别服从 $X\sim N(\mu_1,\sigma_1^2)$,$Y\sim N(\mu_2,\sigma_2^2)$,$\mu_1$,$\mu_2$,$\sigma_1^2$,$\sigma_2^2$ 均未知,试在显著性水平 $\alpha=0.05$ 的情况下检验假设问题 $H_0:\sigma_1^2\leqslant\sigma_2^2$,$H_1:\sigma_1^2>\sigma_2^2$.

解　易见这是一个两个正态总体的方差之比的检验问题,取检验统计量为 $F=\frac{S_1^2}{S_2^2}$ 可知该统计量服从 $F(10,14)$ 分布,根据已知公式,检验的拒绝域 $F=\frac{S_1^2}{S_2^2}\geqslant F_{0.05}(10,14)$,由样本数据得 $F=\frac{9\ 304}{4\ 901}=1.898\ 4$,而检验的临界值为 $F_{0.05}(10,14)=2.602\ 2$,所以样本值没落入拒绝域,因此接受原假设,即可认为第一个总体的方差不比第二个总体的方差大.

6.4　单元测试

一、填空题

1. 设$(X_1,X_2,\cdots,X_n)$是来自正态总体 $N(\mu,\sigma^2)$ 的简单随机样本,μ 和 σ^2 均未知,记 $\overline{X}=\frac{1}{n}\sum_{i=1}^{n}X_i$,$\theta^2=\sum_{i=1}^{n}(X_i-\overline{X})^2$,则假设 $H_0:\mu=0$ 的 t 检验使用统计量 $t=$________.

2. 设 $\overline{X}=\frac{1}{m}\sum_{i=1}^{m}X_i$ 和 $\overline{Y}=\frac{1}{n}\sum_{i=1}^{n}Y_i$ 分别为来自两个正态总体 $N(\mu_1,\sigma_1^2)$ 和 $N(\mu_2,\sigma_2^2)$ 的样本均值,参数 μ_1,μ_2 未知,两正态总体相互独立,欲检验 $H_0:\sigma_1^2=\sigma_2^2$,应用________检验法,其检验统计量是________.

3. 设总体 $X\sim N(\mu_0,\sigma^2)$,μ_0 为已知常数,$(X_1,X_2,\cdots,X_n)$ 是来自 X 的样本,则检验假设 $H_0:\sigma^2=\sigma_0^2$,$H_1:\sigma^2\neq\sigma_0^2$ 的统计量是________.

4. 在上述第 4 题的条件下,当 H_0 成立时,服从________分布.

二、选择题

1. 在对单个正态总体均值的假设检验中,当总体方差已知时,选用(　　).

A. t 检验法　　B. U 检验法　　C. F 检验法　　D. χ^2 检验法

2. 在一个确定的假设检验中,与判断结果相关的因素有(　　).

A. 样本值与样本容量　　B. 显著性水平 α

C. 检验统计量　　D. A,B,C 选项同时成立

3. 对正态总体的数学期望 μ 进行假设检验,如果在显著水平 $\alpha=0.05$ 的情况下接受 $H_0:\mu=\mu_0$,那么在显著水平 $\alpha=0.01$ 的情况下,下列结论中正确的是(　　).

A. 必须接受 H_0　　B. 可能接受,也可能拒绝 H_0

C. 必须拒绝 H_0　　D. 不接受,也不拒绝 H_0

4. 自动包装机装出的包的每袋质量服从正态分布,规定每袋质量的方差不超过 a,为了检查自动包装机的工作是否正常,对它生产的产品进行抽样检验,检验假设为 $H_0:\sigma^2\leqslant a,H_1:\sigma^2>a,\alpha=0.05$,则下列命题中正确的是(　　).

A. 如果生产正常,则检验结果也认为生产正常的概率为 0.95

B. 如果生产不正常,则检验结果也认为生产不正常的概率为 0.95

C. 如果检验的结果认为生产正常,则生产确实正常的概率等于 0.95

D. 如果检验的结果认为生产不正常,则生产确实不正常的概率为 0.95

5. 设某种药品中有效成分的含量服从正态分布 $N(\mu,\sigma^2)$,原工艺生产的产品中有效成分的平均含量为 a,现在用新工艺试制了一批产品,测其有效成分含量,以检验新工艺是否真的提高了有效成分的含量. 要求当新工艺没有提高有效成分时,误认为新工艺提高了有效成分的含量的概率不超过 5%,那么应取原假设 H_0 及检验水平 α 是(　　).

A. $H_0:\mu\leqslant a,\alpha=0.01$　　B. $H_0:\mu\geqslant a,\alpha=0.05$

C. $H_0:\mu\leqslant a,\alpha=0.05$　　D. $H_0:\mu\geqslant a,\alpha=0.01$

6.5　单元测试答案

一、填空题

1. $\dfrac{\bar{X}\sqrt{n(n-1)}}{\theta}$　2. F　$\dfrac{\frac{1}{m-1}\sum\limits_{i=1}^{m}(X_i-\bar{X})^2}{\frac{1}{n-1}\sum\limits_{i=1}^{n}(X_i-\bar{X})^2}$　3. $X_n^2=\dfrac{\sum\limits_{i=1}^{n}(X_i-\mu_0)^2}{\sigma_0^2}$　4. $\chi^2(n)$

二、选择题

1. B　2. D　3. A　4. A　5. C

第 7 章 统计分析方法简介

习题 7.1 解答

1 设四名工人操作机器 A_1, A_2, A_3 各一天，其日产量如表所示，问不同机器或不同工人对日产量是否有显著影响？($\alpha=0.05$)

日产量 工人 / 机器	B_1	B_2	B_3	B_4
A_1	50	47	47	53
A_2	53	54	57	58
A_3	52	42	41	48

解 由题意知 $r=3, s=4$，按公式计算得

$$T_{1\cdot}=197,\quad T_{2\cdot}=222,\quad T_{3\cdot}=183$$

$$T_{\cdot 1}=155,\quad T_{\cdot 2}=143,\quad T_{\cdot 3}=145,\quad T_{\cdot 4}=159$$

$$T=602,\quad W=\sum_{i=1}^{3}\sum_{j=1}^{4}X_{ij}^2=30\ 518$$

$$S_T=\sum_{i=1}^{3}\sum_{j=1}^{4}X_{ij}^2-\frac{T^2}{12}\approx 317.67,\quad S_A=\frac{1}{4}\sum_{i=1}^{3}T_{i\cdot}^2-\frac{T^2}{12}\approx 195.17$$

$$S_B=\frac{1}{3}\sum_{i=1}^{4}T_{\cdot j}^2-\frac{T^2}{12}\approx 59.67,\quad S_E=S_T-S_A-S_B=62.83$$

$$F_A=\frac{\left(\frac{195.17}{2}\right)}{\left(\frac{62.83}{6}\right)}\approx 9.32,\quad F_B=\frac{\left(\frac{59.67}{3}\right)}{\left(\frac{62.83}{6}\right)}\approx 1.90$$

当 $\alpha=0.05$ 时，查表得

$$F_\alpha(r-1,(r-1)(s-1))=F_{0.05}(2,6)=5.14$$

$$F_\alpha(s-1,(r-1)(s-1))=F_{0.05}(3,6)=4.76$$

从而得到方差分析表，见下表.

无重复试验双因素方差解析表

方差来源	平方和	自由度	F 值	F 的临界值
因素 A	195.17	2	9.32	5.14
因素 B	59.67	3	1.90	4.76
误差	62.83	6		
总和	317.67	11		

由此表知，$F_A > F_{0.05}(2,6)$，$F_B < F_{0.05}(3,6)$，说明机器的差异对日产量有显著影响，而不同工人对日产量无显著影响.

2. 在某种金属材料的生产过程中，对热处理温度(因素 B) 与时间(因素 A) 各取两个水平，产品强度的测定结果(相对值) 如表所示，在同一条件下每个试验重复两次，设各水平搭配下强度的总体服从正态分布且方差相同，各样本独立，问热处理温度、时间以及这两者交互作用对产品强度是否有显著影响($\alpha = 0.05$)？

A \ B	B_1	B_2	$T_{i\cdot\cdot}$
A_1	38.0 38.6	47.0 44.8	168.4
A_2	45.0 43.8	42.4 40.8	172
$T_{\cdot j\cdot}$	165.4	175	340.4

解 根据题设数据，得

$$S_T = (38.0^2 + 38.6^2 + \cdots + 40.8^2) - \frac{340.4^2}{8} = 71.82$$

$$S_A = \frac{1}{4}(168.4^2 + 172^2) - \frac{340.4^2}{8} = 1.62$$

$$S_B = \frac{1}{4}(165.4^2 + 175^2) - \frac{340.4^2}{8} = 11.52$$

$$S_{A\times B} = 14\ 551.24 - 14\ 484.02 - 1.62 - 11.52 = 54.08$$

$$S_E = 71.82 - S_A - S_B - S_{A\times B} = 4.6$$

可得方差分析表，见下表.

方差来源	平方和	自由度	均方和	F 值
因素 A	1.62	1	1.62	1.4
因素 B	11.52	1	11.52	10.0
$A\times B$	54.08	1	54.08	47.0
误差	4.6	4	1.15	
总和	71.82	7		

由 $F_{0.05}(1,4)=7.71$，因为

$$F_A \approx 1.4 < F_{0.05}(1,4)=7.71, \quad F_B \approx 10.0 > F_{0.05}(1,4)=7.71$$

$$F_{A\times B} \approx 47.0 > F_{0.05}(1,4)=7.71$$

所以认为时间对强度的影响不显著，而热处理温度对产品的影响显著，且二者的交互作用对产品的影响显著.

习题 7.2 解答

以家庭为单位，某种商品年需求量与该商品价格之间的一组调查数据如下表所示：

价格 x/ 元	5	2	2	2.3	2.5	2.6	2.8	3	3.3	3.5
需求量 y/kg	1	3.5	3	2.7	2.4	2.5	2	1.5	1.2	1.2

(1) 求经验回归方程 $\hat{y}=\hat{\beta}_0+\hat{\beta}_1 x$；

(2) 检验线性关系的显著性($\alpha=0.05$，采用 F 检验法).

解　(1) $\bar{x}=2.9$，$L_{xx}=7.18$，$\bar{y}=2.1$，$L_{yy}=6.58$

$$L_{xy}=\sum_{i=1}^{n} x_i y_i - n\bar{x}\bar{y} = 54.97-2.1\times 2.9\times 10=-5.93$$

故

$$\hat{\beta}_1 = L_{xy}/L_{xx} \approx -0.826, \quad \hat{\beta}_0=\bar{y}-\hat{\beta}_1\bar{x} \approx 4.495$$

经验回归方程为

$$\hat{y}=4.495-0.826x$$

(2)

$$S_{回}=\hat{\beta}_1 L_{xy}=(-0.826)\times(-5.93)\approx 4.898$$

$$S_{剩}=L_{yy}-\hat{\beta}_1 L_{xy}=1.682$$

$$F_0=(n-2)\frac{S_{回}}{S_{剩}}=8\times\frac{4.898}{1.682}\approx 23.296, \quad \alpha=0.05, \quad F_{0.05}(1,8)=5.32$$

因 $F_0 > F_{0.05}(1,8)$，故回归是显著的.

又如对于例 2，由算得的 $L_{xx}=115.06$，$L_{xy}=102.98$，$L_{yy}=98.3$ 得

$$r=\frac{L_{xy}}{\sqrt{L_{xx}L_{yy}}}=\frac{102.98}{\sqrt{115.06\times 98.3}}=0.968\ 3$$

取显著水平 $\alpha=0.01$，按自由度 $n-2=8-2=6$ 查相关系数表，得 $r_{0.01}(6)=0.874\ 3$，

由于 $|r| > r_{0.01}(6)$，故认为 y 与 x 之间的线性回归极显著，即 $\hat{y}=4.13+0.90x$ 可以表达 y 与 x 之间存在的线性相关关系，显然，这一检验结果与 F 检验的结果一致.

总复习题

期末测试模拟题(一)

一、填空题(每题 4 分,共 20 分)

1. 设 $P(A)=0.7, P(A-B)=0.3$,则 $P(AB)=$________.

2. 设随机变量 X 的概率密度函数为 $f(X)=\frac{1}{\sqrt{\pi}}e^{-x^2}$,则 $D(X)=$________.

3. 设随机变量 $X_1, X_2, \cdots, X_n$ 相互独立,且 $X_i \sim N(\mu, \sigma^2)(i=1,2,3,\cdots,n)$,则 $\overline{X}=\frac{1}{n}\sum_{i=1}^{n}X_i \sim$ ________.

4. 设随机变量 X 服从参数为 3 的指数分布,则 $E(X^2)=$________.

5. 设 X, Y 是两个随机变量,已知 $D(X)=25, D(Y)=36, \rho_{XY}=0.4$,则 $D(X-Y)=$ ________.

二、单项选择题(每题 4 分,共 20 分)

1. 设随机变量 $X \sim N(\mu, \sigma^2)$,则随着 σ 的增大,概率 $P\{|X-\mu|<\sigma\}$(　　).

A. 增大　　B. 减少　　C. 不变　　D. 增减不定

2. 若 $P(A)>0, P(B)>0, P(AB)=P(A)P(B)$,则下列结论不正确的是(　　).

A. $P(B \mid A)=P(B)$　　B. $P(\overline{A}|\overline{B})=P(\overline{A})$

C. A, B 相容　　D. A, B 不相容

3. 若随机变量 X 服从 $[0,1]$ 上的均匀分布,$Y=X+2$,则(　　).

A. Y 也服从 $[0,1]$ 上的均匀分布　　B. Y 服从 $[2,3]$ 上的均匀分布

C. $P(0 \leqslant Y \leqslant 1)=1$　　D. $P(2 \leqslant Y \leqslant 3)=0$

4. 设 X 服从参数为 λ 的泊松分布,且 $E[(X-1)(X-2)]=1$,则 $\lambda=$(　　).

A. 1　　B. 2　　C. 3　　D. 0

5. 设 X, Y 是任意两个随机变量,且 $E(XY)=E(X)E(Y)$,则下列式子正确的是

(　　).

A. $D(XY)=D(X)D(Y)$　　　　B. $D(X+Y)=D(X)+D(Y)$

C. X 与 Y 独立　　　　D. X 与 Y 不独立

三、解答题(50 分)

1. 已知在 10 只产品中有 2 只次品,在其中取两次,每次任取 1 只,做不放回抽样,求下列事件的概率:

(1) 两只都是正品;

(2) 第二次取出的是次品. (10 分)

2. 已知随机变量 X 的概率密度函数为

$$f(x)=\begin{cases}Ax & (0<x<1)\\ 0 & (\text{其他})\end{cases}$$

试求:(1) 常数 A;(2) $P\{X\leqslant 0.5\}$;(3) 分布函数 $F(X)$. (15 分)

3. 设随机变量 (X,Y) 的概率密度函数为

$$f(x,y)=\begin{cases}k\mathrm{e}^{-(3x+4y)} & (x>0,y>0)\\ 0 & (\text{其他})\end{cases}$$

求:(1) 系数 k;(2) $P\{0\leqslant X\leqslant 1,0\leqslant Y\leqslant 2\}$;(3) 证明 X 与 Y 相互独立. (15 分)

4. 在次品率为 0.03 的一大批产品中,任意抽取 1 000 件产品,

(1) 利用切比雪夫不等式估计抽取的产品中次品件数在 20 与 40 之间的概率;

(2) 利用中心极限定理计算抽取的产品中次品件数在 20 与 40 之间的概率. (10 分)

四、证明题(10 分)

设 A,B 是两个事件,且满足 $0<P(A)<1,0<P(B)<1,P(A\mid B)+P(\bar{A}\mid\bar{B})=1$. 证明:事件 A 与 B 相互独立.

期末测试模拟题(二)

一、填空题(每题 4 分,共 20 分)

1. 设 A,B 是两个相互独立的事件,已知 $P(A)=0.4,P(B)=0.6$,则 $P(A\cup B)=$ ________.

2. 设随机变量 X 的概率密度函数为 $f(x)=\dfrac{1}{2\sqrt{\pi}}\mathrm{e}^{-\frac{x^2}{4}}$,则 $D(X)=$ ________.

3. 设随机变量 $X_1,X_2,\cdots,X_n$ 相互独立,且 $X_i\sim N(\mu,\sigma^2)\ (i=1,2,\cdots,n)$,则 $X=\sum\limits_{i=1}^{n}X_i\sim$ ________.

4. 设随机变量 X 服从参数为 1 的泊松分布,则 $E(X^2)=$ ________.

5. 设 X,Y 是两个随机变量,已知 $D(X)=25,D(Y)=36,\rho_{XY}=0.4$,则 $D(X+Y)=$ ________.

二、单项选择题(每题4分,共20分)

1. 设A,B为任意两个事件,且$P(B)>0$,则下列结论正确的是(　　).

A. $P(A\cup B)=P(A)+P(B)$　　B. $P(AB)=P(A)P(B)$

C. $P(AB)=P(B)P(A\mid B)$　　D. $P(A)=P(A\mid B)$

2. 设随机变量$X\sim N(0,1)$,$Y=2X-1$,则$Y\sim$(　　).

A. $N(0,1)$　　B. $N(-1,4)$　　C. $N(-1,3)$　　D. $N(-1,-1)$

3. 设随机变量X与Y相互独立,其期望分别为2和3,则$E(2XY)=$(　　).

A. 9　　B. 15　　C. 24　　D. 12

4. 任何一个连续型随机变量的概率密度函数$f(x)$一定满足(　　).

A. $0\leqslant f(x)\leqslant 1$　　B. 在定义域内单调不减

C. $\int_{-\infty}^{+\infty}f(x)\mathrm{d}x=1$　　D. 在定义域内连续

5. 设随机变量$X\sim N(2,4)$,则满足$P\{X>C\}=P\{X\leqslant C\}$的常数$C=$(　　).

A. 0　　B. 2　　C. 1　　D. 4

三、解答题(50分)

1. 已知在10只产品中有2只次品,在其中取两次,每次任取一只,做不放回抽样,求下列事件的概率:

(1) 两只都是次品;

(2) 第二次取出的是正品.(10分)

2. 设连续型随机变量X的分布函数为

$$F(X)=\begin{cases}0 & (x<0)\\ Ax^2 & (0\leqslant x<1)\\ 1 & (x\geqslant 1)\end{cases}$$

试求:(1) 常数A;(2)$P\{0.3<X<0.7\}$;(3) 概率密度函数$f(x)$.(15分)

3. 设X与Y是相互独立的随机变量,$X\sim U\left[0,\dfrac{1}{5}\right]$,$Y$服从参数为$\dfrac{1}{5}$的指数分布

$$f(x)=\begin{cases}\dfrac{1}{5}\mathrm{e}^{-\frac{1}{5}x} & (x>0)\\ 0 & (x\leqslant 0)\end{cases}$$

求:(1)$f_X(x)$,$f_Y(y)$;

(2) 随机变量(X,Y)的概率密度函数$f(x,y)$;

(3)$P\{X\geqslant Y\}$.(15分)

4. 在次品率为$\dfrac{1}{6}$的一大批产品中,任意抽取300件产品,

(1) 利用切比雪夫不等式估计抽取的产品中次品件数在40与60之间的概率;

(2) 利用中心极限定理计算抽取的产品中次品件数在40与60之间的概率.(10分)

四、证明题(10 分)

设 A,B 是两个相互独立事件,且满足 $0<P(A)<1$.证明:$P(B\mid A)=P(B\mid \bar{A})$.

期末测试模拟题(三)

一、填空题(每题 4 分,共 20 分)

1.设 A,B,C 为三个事件,用 A,B,C 的运算关系表示“事件 A,B,C 都不发生”为________.

2. 若已知随机变量 X 服从二项分布,且 $E(X)=2.4,D(X)=1.44$,则二项分布参数 n,p 的值为________.

3. 设随机变量 X 和 Y 的相关系数为 0.5,$E(X)=E(Y)=0$, $E(X^2)=E(Y^2)=2$,则 $\mathrm{cov}(X,Y)=$________.

4. 设 $X\sim N(10,(0.02)^2)$,$\Phi(2.5)=0.9938$,则 $P\{9.95<X<10.05\}=$________.

X	0	1	2
P	0.1	0.6	0.3

5.设离散型随机变量 X 的分布律为上表,则 X 的数学期望 $E(X)=$________.

二、单项选择题(每题 4 分,共 20 分)

1.设 A,B 为随机事件,且 $P(B)>0,P(A\mid B)=1$,则必有(　　).

A. $P(A\cup B)>P(A)$　　B. $P(A\cup B)>P(B)$

C. $P(A\cup B)=P(A)$　　D. $P(A\cup B)=P(B)$

2.设一射手每次命中目标的概率为 p,现对同一目标进行若干次独立射击,直到命中目标 5 次为止,则射手共计射击了 10 次的概率为(　　).

A. $C_{10}^5p^5(1-p)^5$　　B. $C_9^4p^5(1-p)^5$

C. $C_{10}^4p^4(1-p)^5$　　D. $C_9^4p^4(1-p)^5$

3.设二维随机变量(X,Y)的概率密度为

$$f(x,y)=\begin{cases}k(x^2+y^2) & (0<x<2,1<y<4)\\ 0 & (\text{其他})\end{cases}$$

则 k 的值为(　　).

A. $\frac{1}{30}$　　B. $\frac{1}{50}$　　C. $\frac{1}{60}$　　D. $\frac{1}{80}$

4. 设 X 与 Y 相互独立,且 X 与 Y 的分布函数各为 $F_X(x),F_Y(y)$.令 $Z=\min(X,Y)$,则 Z 的分布函数 $F_Z(z)$ 为(　　).

A. $F_X(z)F_Y(z)$　　B. $1-F_X(z)F_Y(z)$

C. $[1-F_X(z)][1-F_Y(z)]$　　　　D. $1-[1-F_X(z)][1-F_Y(z)]$

5. 设相互独立的随机变量 X 和 Y 的方差分别为 4 和 2，则随机变量 $3X-2Y$ 的方差为(　　).

A. 44　　　B. 28　　　C. 16　　　D. 8

三、解答题(60 分)

1. 已知 $P(A)=\frac{1}{4}, P(B\mid A)=\frac{1}{3}, P(A\mid B)=\frac{1}{2}$，求 $P(A\cup B)$. (10 分)

2. 设甲袋中有 n 只白球，m 只红球；乙袋中有 N 只白球，M 只红球，今从甲袋中任取一只放入乙袋中，再从乙袋中任意取一只球，问取到白球的概率是多少？ (10 分)

3. 三人独立地去破译一份密码，已知各人能译出的概率分别为 $\frac{1}{5},\frac{1}{3},\frac{1}{2}$，问三人中至少有一人能将密码译出的概率是多少？ (10 分)

4. 设随机变量 X 的分布函数为：$F_X(x)=\begin{cases}0 & (x<1)\\ \ln x & (1\leqslant x<\mathrm{e})\\ 1 & (x\geqslant \mathrm{e})\end{cases}$

(1) 求 $P\{X<2\}, P\{0<X\leqslant 3\}; P\left\{2<X<\frac{5}{2}\right\}$;

(2) 求概率密度 $f_X(x)$. (10 分)

5. 设随机变量(X,Y) 的概率密度为 $f(x,y)=\begin{cases}b\cdot \mathrm{e}^{-(x+y)} & (0<x<10<y<+\infty)\\ 0 & (\text{其他})\end{cases}$

(1) 试确定常数 b;

(2) 求边缘概率密度 $f_X(x), f_Y(y)$. (10 分)

6. 设随机变量 X 服从瑞利分布，其概率密度为 $f(x)=\begin{cases}\frac{x}{\sigma^2}\cdot \mathrm{e}^{-\frac{x^2}{2\sigma^2}} & (x>0)\\ 0 & (\text{其他})\end{cases}$

(其中 $\sigma>0$ 是常数)，求 $E(X), D(X)$. (10 分)

期末测试模拟题(四)

一、填空题(每题 4 分，共 20 分)

1. $X\sim B(2,p), Y\sim B(3,p)$，若 $P\{x\geqslant 1\}=\frac{5}{9}$，则 $P\{y\geqslant 1\}=$________.

2. 设 $\xi\sim N(\mu,\sigma^2)$，且二次方程 $x^2+4x+\xi=0$ 无实根的概率为 $\frac{1}{2}$，则 $\mu=$________.

3. 设 $X\sim\pi(\lambda)$，且 $E[(X-1)(X-2)]=1$，则 $\lambda=$________.

4. 设 $D(X)=4, D(Y)=9, P_{xy}=0.6$，则 $D(3X-2Y)=$________.

5. 设 $X\sim f(x)=\frac{1}{\sqrt{\pi}}\mathrm{e}^{-x^2+2x-1}(-\infty<x<\infty)$，则 $E(X)=$______，$D(X)=$______.

二、单项选择题(每题 4 分,共 20 分)

1. 从 0 ~ 9 十个数字中随机地有放回地取出 4 个数字,则“8”至少出现一次的概率为(　　).

A. 0.1　　B. 0.343 9　　C. 0.4　　D. 0.656 1

2. $X \sim f(x)=\begin{cases}\dfrac{x}{2} & (x\in(0,2))\\ 0 & (其他)\end{cases}$,则 $P\{|x|\leqslant 1\}=$(　　).

A. 0　　B. 0.25　　C. 0.5　　D. 1

3. $X \sim B(4,0.2)$,则 $P\{X>3\}=$(　　).

A. 0.001 6　　B. 0.027 2　　C. 0.409 6　　D. 0.812 9

4. 设 $(X,Y)\sim N(1,1,4,9,\frac{1}{2})$,则 $\operatorname{cov}(X,Y)=$(　　).

A. $\frac{1}{2}$　　B. 3　　C. 18　　D. 36

5. 若 X,Y 满足 $D(X+Y)=D(X-Y)$,则必有(　　).

A. X,Y 独立　　B. X,Y 不相关　　C. $D(Y)=0$　　D. $D(X)D(Y)=0$

三、解答题(50 分)

1. 某地有 50% 住户订日报,有 60% 住户订晚报,设各住户订日报与订晚报相互独立,试求订报住户的百分比.(10 分)

2. 10 个签中有 4 个难签,3 个人参加抽签,要求不放回地抽取,每人一次,且甲先,乙次,丙最后,分别求甲抽到难签,乙抽到难签的概率.(10 分)

3. 设连续型随机变量 ξ 的分布函数为 $F(x)=\begin{cases}0 & (x<0)\\ Ax^2 & (0\leqslant x<1)\\ 1 & (x\geqslant 1)\end{cases}$

求:(1) 常数 A;(2) ξ 的密度函数 $\varphi(x)$;(3) $E(\xi)$;(4) $D(\xi)$.(10 分)

4. 设 $X\sim N(\mu,\sigma^2)$,$Y=aX+b$(a,b 为常数,$a>0$),试用分布函数法求随机变量 Y 的概率密度 $f_Y(y)$.(10 分)

5. 设 (X,Y) 分布律如下:

Y \ X	−1	0	2
0	0	$\frac{1}{6}$	$\frac{5}{12}$
1	$\frac{1}{12}$	0	0
2	$\frac{1}{3}$	0	0

求：(1) 边缘分布；

(2)$E(X)$,$E(Y)$；

(3)$D(X)$,$D(Y)$；

(4)$\mathrm{cov}(XY)$；

(5)ρ_{XY}.(10 分)

四、证明题(10 分)

设 X,Y 独立同分布，令 $U=X+Y$,$V=X-Y$，试证 U,V 必不相关.

期末测试模拟题(五)

一、填空题(每题 4 分，共 20 分)

1. 设有 10 件产品，其中有 1 件次品，今从中任取出 1 件为次品的概率是________.

2. 设随机变量 X,Y 相互独立，方差 $D(X)=a$,$D(Y)=b$，则 $D(2X-3Y)=$________.

3. 设 $X\sim N(2,5^2)$，则其概率密度 $f(X)=$________.

4. 设 $X\sim P(\lambda)$，且 $\lambda=2$，则应用切比雪夫不等式估计得 $P\{|X-2|\geqslant 1\}\leqslant$________.

5. 设 $X\sim B(n,p)$，则 $P\{X=k\}=$________,$E(X)=$________.

二、单项选择题(每题 4 分，共 20 分)

1. 设随机变量 X 的数学期望 $E(X)$ 存在，则 $E[E(X)]=$(　　).

A. 0　　B. X　　C. $E^2(X)$　　D. $E(X)$

2. 设 $X\sim N(0,1)$，分布函数为 $\Phi(X)$，则 $P\{|x|>2\}=$(　　).

A. $2\Phi(2)-1$　　B. $2-2\Phi(2)$　　C. $1-2\Phi(2)$　　D. $2-\Phi(2)$

3. 对任意的二维随机变量(X,Y)，下列选项正确的是(　　).

A. $D(X+Y)=D(X)+D(Y)$　　B. $D(XY)=D(X)D(Y)$

C. $E(X+Y)=E(X)+E(Y)$　　D. $E(XY)=E(X)E(Y)$

4. 设随机变量(X,Y) 的方差 $D(X)=4$,$D(Y)=1$，相关系数 $\rho_{XY}=0.6$，则方差 $D(3X-2Y)=$(　　).

A. 40　　B. 34　　C. 17.6　　D. 25.6

5. 设 $X_1,X_2,\cdots,X_n$ 是正态总体 $X\sim N(\mu,\sigma^2)$ 的样本，其中 σ 已知，μ 未知，则下列不是统计量的是(　　).

A. $\max\limits_{1\leqslant k\leqslant n} X_k$　　B. $\min\limits_{1\leqslant k\leqslant n} X_k$　　C. $\overline{X}-\mu$　　D. $\sum\limits_{k=1}^{n}\dfrac{X_k}{\sigma}$

三、解答题(50 分)

1. 某人从外地赶来哈尔滨参加会议，他乘火车、汽车或飞机来的概率分别是 $\frac{3}{10}$,$\frac{2}{5}$,

$\frac{1}{6}$.如果他乘飞机来,不会迟到;而乘火车、汽车来,迟到的概率分别是$\frac{1}{3}$,$\frac{1}{2}$. 现此人迟到,试推断他乘火车来的可能性是多大? (10分)

2.设随机变量X的概率密度为$f(X)=\begin{cases}\frac{C}{\sqrt{1-x^2}} & (|x|<1)\\ 0 & (\text{其他})\end{cases}$.

求:(1)c值;(2)X的分布函数$F(x)$;(3)求X落在区间$(-\frac{1}{2},\frac{1}{2})$内的概率. (10分)

3.已知二维随机变量(X,Y)的分布密度为:

$$f(x,y)=\begin{cases}6xy(2-x-y) & (0\leqslant x<1,0\leqslant y\leqslant 1)\\ 0 & (\text{其他})\end{cases}$$

(1)求边缘分布密度$f_X(x)$与$f_Y(y)$;(2)问X和Y是否相互独立? (10分)

4.设二维随机变量(X,Y)的概率密度函数:$f(x,y)=\begin{cases}2 & (0<x<y,0<y<1)\\ 0 & (\text{其他})\end{cases}$

求:(1)数学期望$E(X)$与$E(Y)$;(2)X与Y的协方差$\mathrm{cov}(X,Y)$. (10分)

5.设总体X概率密度为$f(x)=\begin{cases}\beta e^{-\beta(x-2)} & (x>2)\\ 0 & (\text{其他})\end{cases}$,$\beta>0$未知,$X_1,X_2,\cdots,X_n$为来自总体的一个样本.求参数$\beta$的矩估计量和极大似然估计量. (10分)

四、证明题(10分)

设$\{X_n\}$为相互独立的随机变量序列

$$P\{X_n=\pm\sqrt{n}\}=\frac{1}{n},\quad P\{X_n=0\}=1-\frac{2}{n},\quad n=2,3,\cdots$$

证明:$\{X_n\}$服从大数定律.

期末测试模拟题(一)答案

一、填空题

1.0.4 2. 0.5 3. $N\left(\mu,\frac{\sigma^2}{n}\right)$ 4. $\frac{1}{18}$ 5. 37

二、单项选择题

1.C 2.D 3.B 4.A 5.B

三、解答题

1.**解** 设$A_i=\{\text{第}i\text{次取正品}\}$,$i=1,2$,则(1)$P(A_1A_2)=P(A_1)P(A_2|A_1)=\frac{8}{10}\cdot\frac{7}{9}=\frac{28}{45}$; (5分)

(2)$P(\bar{A}_2)=P(A_1)P(\bar{A}_2|A_1)+P(\bar{A}_1)P(\bar{A}_2|\bar{A}_1)=\frac{1}{5}$. (5分)

2. **解** (1) 由 $1=\int_{-\infty}^{+\infty}f(x)\mathrm{d}x=\int_0^1 Ax\mathrm{d}x=\frac{A}{2}$，得 $A=2$； (5 分)

(2) $P\{X\leqslant 0.5\}=\int_{-\infty}^{0.5}f(x)\mathrm{d}x=\int_0^{0.5}2x\mathrm{d}x=0.25$； (5 分)

(3) $F(X)=\int_{-\infty}^{x}f(t)\,\mathrm{d}t=\begin{cases}0 & (x<0)\\ \int_0^x 2t\mathrm{d}t & (0\leqslant x<1)\\ 1 & (x\geqslant 1)\end{cases}=\begin{cases}0 & (x<0)\\ x^2 & (0\leqslant x<1)\\ 1 & (x\geqslant 1)\end{cases}$. (5 分)

3. **解** (1) 由 $1=\int_{-\infty}^{+\infty}\int_{-\infty}^{+\infty}f(x,y)\mathrm{d}x\mathrm{d}y=\int_0^{+\infty}\mathrm{d}y\int_0^{+\infty}k\mathrm{e}^{-(3x+4y)}\,\mathrm{d}x$，得 $k=12$； (5 分)

(2) $P\{0\leqslant X\leqslant 1,0\leqslant Y\leqslant 2\}=\int_0^2\mathrm{d}y\int_0^1 12\mathrm{e}^{-(3x+4y)}\,\mathrm{d}x=(1-\mathrm{e}^{-3})(1-\mathrm{e}^{-8})$； (5 分)

(3) $f_X(x)=\int_{-\infty}^{+\infty}f(x,y)\mathrm{d}y=\begin{cases}3\mathrm{e}^{-3x} & (x>0)\\ 0 & (\text{其他})\end{cases}$，

同理 $f_Y(y)=\int_{-\infty}^{+\infty}f(x,y)\mathrm{d}x=\begin{cases}4\mathrm{e}^{-4y} & (y>0)\\ 0 & (\text{其他})\end{cases}$，易见 $f(x,y)=f_X(x)f_Y(y)$，$-\infty<x<+\infty$，$-\infty<y<+\infty$，因此 X 与 Y 相互独立. (5 分)

4. **解** 设 X 为 1 000 件产品中次品的件数，则 $X\sim B(1\,000,0.03)$，$E(X)=30$，$D(X)=29.1$. (2 分)

(1) 由切比雪夫不等式 $P\{|X-E(X)|<\varepsilon\}\geqslant 1-\frac{D(X)}{\varepsilon^2}$，

取 $\varepsilon=10$，$\mu=E(X)=30$，$\sigma^2=D(X)=29.1$，

$P\{20<X<40\}=P\{|X-\mu|<\varepsilon\}\geqslant 1-\frac{\sigma^2}{\varepsilon^2}=1-0.291=0.709$； (4 分)

(2) 由中心极限定理

$P\{20<X<40\}=P\left\{\frac{20-30}{\sqrt{29.1}}<\frac{X-30}{\sqrt{29.1}}<\frac{40-30}{\sqrt{29.1}}\right\}=2\Phi(1.85)-1$. (4 分)

四、解答题

证明 因为 $P(A\mid B)=1-P(\bar{A}|\bar{B})=P(A\mid\bar{B})$， (3 分)

所以 $\frac{P(AB)}{P(B)}=\frac{P(A\bar{B})}{P(\bar{B})}=\frac{P(A)-P(AB)}{1-P(B)}$， (3 分)

即 $P(AB)=P(A)P(B)$， (2 分)

因此事件 A 与 B 相互独立. (2 分)

期末测试模拟题(二)答案

一、填空题

1. 0.76　2. 2　3. $N(n\mu, n\sigma^2)$　4. 2　5. 85

二、单项选择题

1. C　2. B　3. D　4. C　5. B

三、解答题

1. 解　设 $A_i=\{$第 i 次取正品$\}$，$i=1,2$，则(1) $P(\overline{A}_1\overline{A}_2)=P(\overline{A}_1)P(\overline{A}_2\mid\overline{A}_1)=\frac{1}{45}$；(5 分)

(2) $P(A_2)=P(A_1)P(A_2\mid A_1)+P(\overline{A}_1)P(A_2\mid\overline{A}_1)=\frac{4}{5}$.　(5 分)

2. 解　(1) 由 $F(1-0)=F(1+0)=1$，得 $A=1$；(5 分)

(2) $P\{0.3<X<0.7\}=F(0.7)-F(0.3)=0.7^2-0.3^2=0.4$；(5 分)

(3) $f(x)=F'(x)=\begin{cases}2x & (0<x<1)\\ 0 & (\text{其他})\end{cases}$.　(5 分)

3. 解　(1) $f_X(x)=\begin{cases}5 & (0<x<0.2)\\ 0 & (\text{其他})\end{cases}$，　$f_Y(y)=\begin{cases}5\mathrm{e}^{-5y} & (y>0)\\ 0 & (\text{其他})\end{cases}$；(5 分)

(2) $f(x,y)=f_X(x)f_Y(y)=\begin{cases}25\mathrm{e}^{-5y} & (0<x<0.2, y>0)\\ 0 & (\text{其他})\end{cases}$；(5 分)

(3) $P\{X\geqslant Y\}=\iint\limits_G f(x,y)\mathrm{d}x\mathrm{d}y=\int_0^{0.2}\mathrm{d}x\int_0^x 25\mathrm{e}^{-5y}\mathrm{d}y=\int_0^{0.2}5(1-\mathrm{e}^{-5x})\mathrm{d}x=\mathrm{e}^{-1}$.(5 分)

4. 解　设 X 为 300 件产品中次品的件数，则 $X\sim B\left(300,\frac{1}{6}\right)$，$E(X)=50$，$D(X)=\frac{250}{6}$.　(2 分)

(1) 由切比雪夫不等式 $P\{|X-E(X)|<\varepsilon\}\geqslant 1-\frac{D(X)}{\varepsilon^2}$，取 $\varepsilon=10$，$\mu=E(X)=50$，$\sigma^2=D(X)=\frac{250}{6}$，

$P\{40<X<60\}=P\{|X-\mu|<\varepsilon\}\geqslant 1-\frac{\sigma^2}{\varepsilon^2}=1-\frac{250}{600}=0.583$；(4 分)

(2) 由中心极限定理

$$P\{40<X<60\}=P\left\{\frac{40-50}{\sqrt{\frac{250}{6}}}<\frac{X-50}{\sqrt{\frac{250}{6}}}<\frac{60-50}{\sqrt{\frac{250}{6}}}\right\}=2\Phi(1.55)-1.\quad(4\text{ 分})$$

四、证明题

证明 因为 A 与 B 相互独立，则有 $P(AB)=P(A)P(B)$(3 分)

又
$$P(B\mid A)=\frac{P(AB)}{P(A)}=P(B)\text{(3 分)}$$
$$P(B\mid \bar{A})=\frac{P(B\bar{A})}{P(\bar{A})}=P(B)\text{(3 分)}$$

所以 $P(B\mid A)=P(B\mid \bar{A})$. (1 分)

期末测试模拟题(三)答案

一、填空题

1. $\overline{A}\,\overline{B}\,\overline{C}$ 2. $n=6,p=0.4$ 3. 1 4. 0.987 6 5. 1.2

二、单项选择题

1. C 2. B 3. B 4. D 5. A

三、解答题

1. **解** 由 $P(B\mid A)=\dfrac{P(AB)}{P(A)}=\dfrac{1}{3}$，得 $P(AB)=\dfrac{1}{3}P(A)=\dfrac{1}{12}$， (3 分)

又由 $P(A\mid B)=\dfrac{P(AB)}{P(B)}=\dfrac{1}{2}$，得 $P(B)=2P(AB)=\dfrac{1}{6}$， (3 分)

从而 $P(A\cup B)=P(A)+P(B)-P(AB)=\dfrac{1}{4}+\dfrac{1}{6}-\dfrac{1}{12}=\dfrac{1}{3}$. (4 分)

2. **解** 记 A 为事件“从乙袋中任取一球为白球”，B 为事件“从甲袋中任取一球为白球”

则 $A=BA\cup\bar{B}A$ $((BA)(\bar{B}A)=\varnothing)$ (2 分)

故
$$P(A)=P(BA)+P(\bar{B}A)=\text{(2 分)}$$
$$P(B)P(A\mid B)+P(\bar{B})P(A\mid\bar{B})=\text{(2 分)}$$
$$\frac{n}{m+n}\cdot\frac{N+1}{N+M+1}+\frac{m}{m+n}\cdot\frac{N}{N+M+1}=\text{(2 分)}$$
$$\frac{n(N+1)+mN}{(m+n)(N+M+1)}\text{(2 分)}$$

3. **解** 记 A_i 为事件“第 i 个人能译出密码”$(i=1,2,3)$. 则由加法定理与独立性得
$$P=P(A_1\cup A_2\cup A_3)=\text{(2 分)}$$
$$1-P(\overline{A_1}\cdot\overline{A_2}\cdot\overline{A_3})=\text{(2 分)}$$
$$1-P(\overline{A_1})P(\overline{A_2})P(\overline{A_3})=\text{(2 分)}$$
$$1-(1-\frac{1}{5})(1-\frac{1}{3})(1-\frac{1}{4})=0.6\text{(4 分)}$$

4.**解**　随机变量 X 是连续型随机变量，所以 $P\{X=a\}=0$.

(1) $P\{X<2\}=P\{X\leqslant 2\}=F_X(2)=\ln 2$；(2分)

$P\{0<X\leqslant 3\}=F_X(3)-F_X(0)=1$；(2分)

$P\{2<X<\frac{5}{2}\}=F_X(\frac{5}{2})-F_X(2)=\ln(\frac{5}{2})-\ln 2$；(2分)

(2) 当 $1\leqslant X<\mathrm{e}$ 时，$f_X(x)=\frac{\mathrm{d}F_X(x)}{\mathrm{d}x}=\frac{1}{x}$.　(2分)

X 的概率密度为 $f_X(x)=\begin{cases}\frac{1}{x}. \\ 0\end{cases}$　(2分)

5.**解**　(1)　$1=\int_{-\infty}^{+\infty}\int_{-\infty}^{+\infty}f(x,y)\mathrm{d}x\mathrm{d}y=\int_0^1\mathrm{d}x\int_0^{+\infty}b\mathrm{e}^{-(x+y)}\mathrm{d}y=b\int_0^1\mathrm{e}^{-x}\mathrm{d}x\int_0^{+\infty}\mathrm{e}^{-y}\mathrm{d}y=$ $b(1-\mathrm{e}^{-1})$.　(3分)

所以

$$b=\frac{1}{1-\mathrm{e}^{-1}}\quad(1\text{分})$$

(2)

$$f_X(x)=\int_{-\infty}^{+\infty}f(x,y)\mathrm{d}y=\begin{cases}\int_0^{+\infty}\frac{\mathrm{e}^{-(x+y)}}{1-\mathrm{e}^{-1}} & (0<x<1) \\ 0 & (\text{其他})\end{cases}=\quad(2\text{分})$$

$$\begin{cases}\frac{\mathrm{e}^{-x}}{1-\mathrm{e}^{-1}} & (0<x<1) \\ 0 & (\text{其他})\end{cases}\quad(1\text{分})$$

$$f_Y(y)=\int_{-\infty}^{+\infty}f(x,y)\mathrm{d}x=\begin{cases}\int_0^1\frac{\mathrm{e}^{-(x+y)}}{1-\mathrm{e}^{-1}}\mathrm{d}x & (y>0) \\ 0 & (y\leqslant 0)\end{cases}=\quad(2\text{分})$$

$$\begin{cases}\mathrm{e}^{-y}(y>0) \\ 0\ (y\leqslant 0)\end{cases}\quad(1\text{分})$$

6.**解**　(1)$E(X)=\int_{-\infty}^{+\infty}xf(x)\mathrm{d}x=\int_0^{+\infty}\frac{x^2}{\sigma^2}\mathrm{e}^{-\frac{x^2}{2\sigma^2}}\mathrm{d}x=$　(2分)

$\int_0^{+\infty}\mathrm{e}^{-\frac{x^2}{2\sigma^2}}\mathrm{d}x=\sqrt{2\pi}\sigma\int_0^{+\infty}\frac{1}{\sqrt{2\pi}\sigma}\mathrm{e}^{-\frac{x^2}{2\sigma^2}}\mathrm{d}x=$　(2分)

$\sqrt{2\pi}\sigma\cdot\frac{1}{2}=\sqrt{\frac{\pi}{2}}\sigma$；(1分)

(2)$E(X^2)=\int_{-\infty}^{+\infty}x^2f(x)\mathrm{d}x=\int_0^{+\infty}\frac{x^3}{\sigma^2}\mathrm{e}^{-\frac{x^2}{2\sigma^2}}\mathrm{d}x=$

$$2\int_0^{+\infty}x\mathrm{e}^{-\frac{x^2}{2\sigma^2}}\mathrm{d}x=2\sigma^2\int_0^{+\infty}\frac{x}{\sigma^2}\mathrm{e}^{-\frac{x^2}{2\sigma^2}}\mathrm{d}x=\quad(2\text{分})$$

$2\sigma^2\cdot 1=2\sigma^2$，(2分)

$D(X)=E(X^2)-[E(X)]^2=2\sigma^2-\frac{\pi}{2}\sigma^2=\frac{4-\pi}{2}\sigma^2$.　(1分)

期末测试模拟题(四)答案

一、填空题

1. $\frac{19}{27}$　2. 4　3. 1　4. 28.8　5. 1，$\frac{1}{2}$

二、单项选择题

1. B　2. B　3. A　4. B　5. B

三、解答题

1. 解　订日报为 A，订晚报为 B.

则 $P(\text{订报})=P(A\cup B)=P(A)+P(B)-P(AB)=$　(5 分)

$P(A)+P(B)-P(A)P(B)=$

$0.5+0.6-0.5\times0.6=0.8=80\%$.　(5 分)

2. 解　记事件 A,B,C 分别表示甲、乙、丙抽到难签，

则 $P(A)=\frac{4}{10}=\frac{2}{5}$.　(5 分)

事件 $B=AB+\overline{A}B$，由于 $(AB)(\overline{A}B)=\Phi$，　(5 分)

所以 $P(B)=P(AB)+P(\overline{A}B)=P(A)P(B\mid A)+P(\overline{A})P(B\mid\overline{A})=\frac{4}{10}\times\frac{3}{9}+\frac{6}{10}\times\frac{4}{9}=\frac{2}{5}$.

(5 分)

3. 解　(1) 由于随机变量是连续的，所以分布函数 $F(x)$ 在 $(-\infty,+\infty)$ 上连续，

则 $F(+\infty)=F(1)=A=1$；　(2 分)

(2) $\varphi(x)=F'(x)=\begin{cases}2x & (0<x<1)\\ 0 & (\text{其他})\end{cases}$；　(3 分)

(3) $E(\xi)=\int_{-\infty}^{+\infty}x\varphi(x)\mathrm{d}x=\int_0^1 2x^2\mathrm{d}x=\frac{2}{3}x^3\Big|_0^1=\frac{2}{3}$；　(2 分)

(4) $E(\xi^2)=\int_{-\infty}^{+\infty}x^2\varphi(x)\mathrm{d}x=\int_0^1 2x^3\mathrm{d}x=\frac{1}{2}x^4\Big|_0^1=\frac{1}{2}$，

$D(\xi)=\frac{1}{2}-(\frac{2}{3})^2=\frac{1}{18}$.　(3 分)

4. 解　$F_Y(y)=P\{Y\leqslant y\}=P\{aX+b\leqslant y\}=P\{X\leqslant\frac{y-b}{a}\}=F_X(\frac{y-b}{a})$，(5 分)

$$F_Y(y)=\frac{\mathrm{d}F_Y(y)}{\mathrm{d}y}=\frac{\mathrm{d}F_X(\frac{y-b}{a})}{\mathrm{d}y}=f_X(\frac{y-b}{a})\frac{1}{a}=\frac{1}{a}\frac{1}{\sqrt{2\pi}\sigma}\mathrm{e}^{-\frac{(\frac{y-b}{a}-\mu)^2}{2\sigma^2}}=\frac{1}{\sqrt{2\pi}a\sigma}\mathrm{e}^{-\frac{[y-(a\bar{\omega}+b)]^2}{2\sigma^2}}.$$

(5 分)

5. 解　(1) $P\{X=-1\}=\frac{5}{12}$，$P\{x=0\}=\frac{1}{6}$，$P\{x=2\}=\frac{5}{12}$，

$P\{Y=0\}=\frac{7}{12}, P\{Y=1\}=\frac{1}{12}, P\{Y=2\}=\frac{1}{3}$；（2分）

(2) $E(X)=\frac{5}{12}, E(y)=\frac{9}{12}$；（2分）

(3) $D(X)=\frac{11\times 25}{12^2}, D(y)=\frac{123}{12^2}$；（2分）

(4) $E(XY)=-\frac{9}{12}, \mathrm{cov}(XY)=-\frac{9}{12}-\frac{45}{12^2}$；（2分）

(5) $\rho_{XY}=\frac{\mathrm{cov}(XY)}{\sqrt{D(X)\cdot D(Y)}}=\frac{-153}{5\sqrt{11\times 123}}$.　（2分）

四、证明题

$\mathrm{cov}(U,V)=\mathrm{cov}[X+Y,X-Y]=\mathrm{cov}(X,X-Y)+\mathrm{cov}(Y,X-Y)=$　（5分）

$\mathrm{cov}(X,X)-\mathrm{cov}(X,Y)+\mathrm{cov}(Y,X)-\mathrm{cov}(Y,Y)=0$　（5分）

所以 $X+Y$ 与 $X-Y$ 不相关.

期末测试模拟题(五)答案

一、填空题

1. 0.1　2. $4a+9b$　3. $\frac{1}{5\sqrt{2\pi}}e^{-\frac{(x-2)^2}{50}}$　4. 2　5. $C_n^k p^k(1-p)^{n-k}$　np

二、单项选择题

1. D　2. B　3. C　4. D　5. C

三、解答题

1. **解**　设 D="此人迟到"，A,B,C 分别表示"乘火车、汽车、飞机来"，则 $P(A)=\frac{3}{10}$，$P(B)=\frac{2}{5}, P(C)=\frac{1}{6}$. $P(D\mid A)=\frac{1}{3}, P(D\mid B)=\frac{1}{2}, P(D\mid C)=0$，（5分）

所以 $P(A\mid D)=\frac{P(D\mid A)P(A)}{P(D)}=\frac{\frac{3}{10}\times\frac{1}{3}}{\frac{3}{10}\times\frac{1}{3}+\frac{2}{5}\times\frac{1}{2}+\frac{1}{6}\times 0}=\frac{1}{3}$.　（5分）

2. **解**　(1) 因为 $\int_{-\infty}^{+\infty}f(x)\mathrm{d}x=C\int_{-1}^{1}\frac{1}{\sqrt{1-x^2}}\mathrm{d}x=1$，所以 $C=\frac{1}{\pi}$；（3分）

(2) $F(X)=\int_{-\infty}^{x}f(t)\,\mathrm{d}t=\begin{cases}0 & (x\leqslant -1)\\ \int_{-1}^{x}\frac{1}{\pi\sqrt{1-x^2}}\mathrm{d}t=\frac{1}{\pi}\arcsin x+\frac{1}{2} & (-1<x<1)\\ 1 & (x\geqslant 1)\end{cases}$；（3分）

(3) $P\{-0.5<X<0.5\}=F(0.5)-F(-0.5)=\frac{1}{3}$.　（4分）

3.**解** (1) $f_X(x)=\int_{-\infty}^{+\infty}f(x,y)\mathrm{d}y=\begin{cases}\int_0^1 6xy(2-x-y)\,\mathrm{d}y=4x-3x^2 & (0<x<1)\\ 0 & (\text{其他})\end{cases}$，(4分)

$$f_Y(y)=\int_{-\infty}^{+\infty}f(x,y)\mathrm{d}x=\begin{cases}\int_0^1 6xy(2-x-y)\,\mathrm{d}x=4y-3y^2 & (0<y<1)\\ 0 & (\text{其他})\end{cases}$$;(4分)

(2) 因为 $f(x,y)\neq f_X(x)\cdot f_Y(y)$，所以 X 和 Y 不相互独立.(2分)

4.**解**

$$E(X)=\int_0^1\mathrm{d}y\int_0^y x\cdot 2\mathrm{d}x=\frac{1}{3},E(y)=\int_0^1\mathrm{d}y\int_0^y 2y\mathrm{d}x=\frac{2}{3},$$

$$E(XY)=\int_0^1\mathrm{d}y\int_0^y 2xy\,\mathrm{d}x=\frac{1}{4}\quad(5\text{分})$$

$$\mathrm{cov}(X,Y)=E(XY)-E(X)E(Y)=\frac{1}{36}\quad(5\text{分})$$

5.**解** (1) 由 $E(X)=2+\frac{1}{\beta}=\overline{X}$，得 β 的矩估计量 $\hat{\beta}=\frac{1}{\overline{X}-2}$; (4分)

(2) 似然函数为 $L(\beta)=\prod_{i=1}^{n}\beta\mathrm{e}^{-\beta(x_i-2)}$，$\ln(L(\beta))=n\ln\beta+2n\beta-\beta\sum_{i=1}^{n}x_i$，(4分)

由 $\frac{\mathrm{d}(\ln(L(\beta)))}{\mathrm{d}\beta}=0$，得极大似然估计量 $\hat{\beta}=\frac{1}{\overline{X}-2}$. (2分)

四、证明题

证明 $E(X_n)=\sqrt{n}\cdot\frac{1}{n}+(-\sqrt{n})\cdot\frac{1}{n}+0\cdot\left(1-\frac{2}{n}\right)=0$，

$D(X_n)=E(X_n^2)+[E(X_n)]^2=$

$$(\sqrt{n})^2\cdot\frac{1}{n}+(-\sqrt{n})^2\cdot\frac{1}{n}+0^2\cdot\left(1-\frac{2}{n}\right)\quad(n=2,3,\cdots)=2,\quad(5\text{分})$$

令 $Y_n=\frac{1}{n}\sum_{i=2}^{n+1}X_i\,(n=2,3,\cdots)$，则 $E(Y_n)=0,D(Y_n)=\frac{2}{n}$，

$\forall\varepsilon>0$，由切比雪夫不等式知 $P\{|Y_n-E(Y_n)|<\varepsilon\}\geqslant 1-\frac{2}{n\varepsilon^2}$，

故有 $\lim\limits_{n\to\infty}P\{|Y_n-E(Y_n)|<\varepsilon\}\to 1$，

即 $\{X_n\}$ 服从大数定律. (5分)